高等院校电工电子技术类课程"十二五"规划教材

单片机原理与接口技术

主　编　邓宏贵

副主编　陈　刚　王　龙　蔡　娟　解志坚

参　编　刘小燕　罗来平

中南大学出版社

www.csupress.com.cn

前　言

　　1971 年 Intel 公司研制出世界上第一台 4 位单片机 Intel 4004，它标志着单片机和微机的发展从此走向了两条截然不同的道路。经过 40 多年的发展，现代单片机已经迈入了 32 位时代。与微机处理器相比，单片机集成了更多的外围设备和总线接口，并能在更小的功耗下工作，因而更适应于工业控制、仪器仪表、微型电子设备等领域的使用。学习使用单片机技术，是当代电子、控制专业学生必须掌握的专业技能。

　　本书以 51 单片机为例，系统地介绍了单片机的系统架构、中断控制、常用外围部件、总线系统和程序设计方法，由浅入深地讲解了单片机系统的使用方法和设计要点，是学生入门、深入学习单片机技术的常用参考书籍。

　　本书第 1、2、3 章简单介绍了单片机的发展历程和架构，为读者学习单片机系统做好了理论铺垫；第 5、6、7、8 章介绍了单片机的常用外围部件，为读者设计单片机硬件系统打好基础；第 9 章介绍了单片机应用系统的实用设计，通过实用的单片机系统电路介绍，使读者快速掌握单片机系统硬件设计的方法；第 4 章和第 10 章分别讲解了 51 单片机基于汇编语言和 C 语言的程序设计，帮助读者掌握实用的单片机软件设计方法。

　　全书贯串实际案例，以实用为宗旨，讲方法、讲要点，通过学习本书，读者能快速掌握单片机系统设计的精髓和重点。与其他的教材不同，本书着重于实践，重视技巧和方法，帮助读者更快地上手和实际使用。

　　希望读者能在阅读过程中举一反三，由点及面，多实践，加强动手能力，这对单片机和其他专业课程的学习都将有莫大好处！

　　本书的编写思路与大纲由邓宏贵教授总体策划，指导全书的编写，并对全书统稿。湖南农业大学陈刚编写了第 1、4 章，湘南学院王龙编写了第 7、8 章，怀化学院蔡娟编写了第 5、6 章，湖南农业大学解志坚编写了第 3 章，赣南师范学院刘小燕编写了第 10 章，北京城市学院罗来平编写了第 2 章，中南大学邓宏贵编写了第 9 章。

　　由于时间紧迫和编者水平的限制，书中的错误和缺点在所难免，热忱欢迎使用者对本书提出批评与建议。本书配有电子课件，如需要请联系：QQ451899305，电话：073188830925。

编　者

2014 年 4 月

前　言

目　录

第 1 章　单片机概述

1.1　微机的产生与发展

1.1.1　微机的发展

微型计算机自出现以来，便以其集成度高、功能强、体积小、功耗低、价格廉、灵活方便等一系列优点，广泛应用于国防、航空航天、海洋、地质、气候、教育、经济、日常生活的各个领域，并发挥着巨大的作用。自第一台微型计算机 MCS－4 诞生后，一直到现在，微型计算机的发展非常迅速，对于微型计算机的发展，一般以字长和典型的微处理器芯片作为划分标志，将微型计算机的发展划分为五个阶段。

第一个阶段(1971—1973 年)，主要是字长为 4 位的微型机和字长为 8 位的低档微型机。这一阶段的典型微处理器有：世界上第一个微处理器芯片 4004，以及随后的改进版 4040，它们都是字长为 4 位的。在随后的第二年，Intel 又研制出了字长为 8 位的处理器芯片 8008，集成度和性能都有所提高。第一代微型机就采用了 PMOS 工艺，基本指令时间为 10～20 μs，字长为 4 位或 8 位，指令系统比较简单，运算功能较差，速度较慢，系统结构仍然停留在台式计算机的水平上，软件主要采用机器语言或简单的汇编语言，其价格低廉。

第二个阶段(1974—1978 年)，主要是字长为 8 位的中、高档微型机。这一阶段典型的微处理器芯片有：Intel 公司的 I8080、I8085，Motorola 公司的 M6800 等。第二代微型机的特点是采用 NMOS 工艺，集成度提高 1～4 倍，运算速度提高 10～15 倍，基本指令执行时间为 1～2 μs，指令系统比较完善，已经具有典型的计算机系统结构以及中断 DMA 等控制功能，寻址能力也有所增强，软件除采用汇编语言外，还配有 BASIC、FORTRAN、PL/M 等高级语言及其相应的解释程序和编译程序，并在后期开始配上操作系统。

第三个阶段(1979—1985 年)，主要是字长为 16 位的微型机。这一阶段典型的微处理器芯片有：Intel 公司的 8086/8088/80286，Motorola 公司的 M68000 等。第三代微型机的特点是采用 HMOS 工艺，基本指令时间约为 0.05 μs，从各个性能指标评价，都比第二代微型机提高了一个数量级，已经达到或者超过中、低档小型机的水平。这类 16 位微型机通常都具有丰富的指令系统，采用多级中断系统、多重寻址方式、多种数据处理形式、段式寄存器结构、乘除计算硬件，电路功能大为增强，并都配备了强有力的系统软件。

第四个阶段(1986—2000 年)，主要是字长为 32 位的微型机。这一阶段典型微处理器芯片有：Intel 公司的 80386/486/Pentium/Pentium II/Pentium III /Pentium IV 等。以 80386 为例，其集成度达到 27.5 万晶体管片，每秒钟可完成 500 万条指令，工作主频达到 25

MHz，有 32 位数据线和 24 位地址线，以 80386 为 CPU 的 COMPAQ 386、AST 386、IBM PS2/80 等机种相继诞生。同时随着内存芯片的发展和硬盘技术的提高，出现了配置 16 MB 内存和 1000 MB 外存的微型机，微机已经成为超小机型，可执行多任务、多用户作业。由微型机组成的网络工作站相继出现，从而扩大了用户的应用范围。

第五个阶段(2000 年以后)，主要是字长为 64 位的微处理器芯片。主要应用还是面向服务器和工作站等一些高端应用场合。如 2000 年 Intel 推出的微处理器 Itanium(安腾)，它采用全新指令架构 IA－64。而 AMD 公司的 64 位微处理器 Athlon 64 则仍沿用了 X86 指令体系，能够很好地兼容原来的 IA－32 结构的个人微机系统，具有一定的普适性。

随着微型计算机的发展，在每一个阶段，它在集成度、性能等方面都有非常大的提高，微型计算机在今后将会有更快、更惊人的发展。

1.1.2 微机的基本结构

首先介绍一下微处理器(Microprocessor)、微型计算机(Microcomputer，简称微机)和单片机(Single－Chip Microcomputer)的概念。

• 微处理器是由一片或几片大规模集成电路组成的具有运算器和控制器的中央处理机部件，即 CPU(Central Processing Unit)。微处理器本身不是计算机，但它是小型计算机或者微型计算机的控制和处理部分。

• 微型计算机是指以微处理器为核心，加上由大规模集成电路制作的存储器、接口适配器(即输入/输出接口电路)以及系统总线所组成的计算机。

• 单片机就是将微处理器、一定容量的 RAM 和 ROM 以及 I/O 接口、定时器等电路集成在一块芯片上，构成单片微型计算机。

计算机系统是一个复杂的工作系统，它由硬件系统和软件系统组成。所谓计算机的硬件系统，通俗地说就是构成计算机看得见摸得着的部件，即构成计算机的硬设备。例如：计算机的主机、显示器、键盘、磁盘驱动器等。软件系统包括系统软件和应用软件。微型计算机的硬件组成部分主要有微处理器(CPU)、存储器、接口、I/O 设备和系统总线。微机的基本结构如图 1－1 所示。

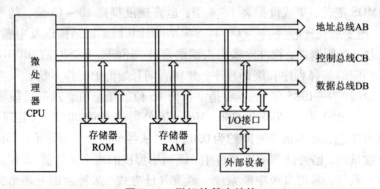

图 1－1　微机的基本结构

• 微处理器(CPU)：它由运算器、控制器和寄存器三大部分组成。
• 存储器：主要是存储代码和运算数据。

- I/O 设备：能把外部信息传送到计算机的设备叫输入设备。将计算机处理完的结果转换成人和设备都能识别的和接收的信息的设备叫输出设备。
- 系统总线：连接各硬件部分的线路。第一组是用来传递数据信息的，叫数据总线，简称 DB(Data Bus)；第二组是用来传递地址信息的，叫地址总线，简称 AB(Address Bus)；第三组是专门用来传递控制信息的，叫控制总线，简称 CB(Control Bus)。

1.1.3　微处理器的基本组成

微处理器包括三大部分：运算器、控制器和寄存器。

1. 运算器

运算器由运算部件——算术逻辑单元(ALU)、累加器和寄存器等几部分组成。ALU 的作用是把传送到微处理器的数据进行算术或逻辑运算。ALU 具有两个主要的输入来源：一个来自累加器，另一个来自数据寄存器。ALU 执行不同的运算操作是由不同控制线上的信号所确定的。通常，ALU 接收来自累加器和数据寄存器的两个 8 位二进制数，因为要对这些数据进行某些操作，所以将这两个输入的数据均称为操作数。

ALU 可对两个操作数进行加、减、与、或和大小等操作，最后将结果存入累加器。例如，两个数 4 和 6 相加，在相加之前，操作数 6 放在累加器中，4 放在数据寄存器中，执行两数相加的运算的控制线发出"加"操作信号，ALU 即把两个数相加，并把所得结果 10 存入累加器，取代累加器原来存放的数 6。总之，运算器有两个主要功能：

- 执行各种算术运算。
- 执行各种逻辑运算，并进行逻辑测试。

通常，一个算术操作产生一个运算结果，而一个逻辑操作产生一个判决。

2. 控制器

控制器由程序计数器、指令寄存器、指令译码器、时序发生器和操作控制器等组成，是发布命令的部分，即协调和指挥整个计算机系统的操作。控制器的主要功能有：

- 从内存中取出一条指令，并指出下一条指令在内存中的位置。
- 对指令进行译码或测试，并产生相应的操作控制信号，以便执行规定的动作，比如一次内存读/写操作、一个算术/逻辑运算操作或一个输入/输出操作等。
- 指挥并控制 CPU、内存和输入/输出设备之间数据流动的方向。

相对控制器而言，运算器接收控制器的命令而进行操作，即运算器所执行的全部操作都是由控制器发出的控制信号来指挥的。

3. CPU 中的主要寄存器

- 累加器(A)：累加器是微处理器中最忙碌的寄存器。在算术和逻辑运算时，它具有双重功能：运算前，用于保存一个操作数；运算后，用于保存所得的运算结果。
- 数据寄存器(DR)：数据寄存器是通过数据总线向存储器和输入/输出设备送(写)或取(读)数据的暂存单元。它可以保存一条正在译码的指令，也可以保存正在送往存储器中存储的一个数据字节等等。
- 指令寄存器(IR)及指令译码器(ID)：指令寄存器用来保存当前正在执行的一条指令。当执行一条指令时，先把它从内存取到数据寄存器中，然后再传送到指令寄存器。指令分为操作码和地址码字段，由二进制数字组成。为执行给定的指令，必须对操作码进行译码，以便确定所要求的操作。指令译码器就是负责这项工作的。指令寄存器中操作码字段的输出就是指令译码器的输入。操作码一经译码后，即可向操作控制器发出具体操作的特定信号。

- 程序计数器（PC）：为了保证程序能够连续地执行下去，CPU 必须采取一些手段来确定下一条指令的地址。程序计数器就是起到了这种作用，所以通常也称其为指令地址计数器。
- 地址寄存器（AR）：地址寄存器用于保存当前 CPU 所要访问的内存单元或 I/O 设备的地址。由于内存和 CPU 之间存在着速度上的差别，所以必须使用地址寄存器来保持地址信息，直到内存读/写操作完成为止。

ALU、计数器、寄存器和控制器除在微处理器内通过内部总线相互联系外，还通过外部总线与外部存储器和 I/O 接口电路联系。外部总线一般分为数据总线 DB、地址总线 AB 和控制总线 CB，统称为系统总线。存储器包括 RAM 和 ROM。微型计算机通过 I/O 接口电路可与各种外围设备连接。

1.2　常用单片机系列介绍

目前，市场上的单片机种类很多，不同厂商均推出了很多不同侧重功能的单片机类型。下面是主流单片机简介。

1. 8051 单片机

最早由 Intel 公司推出的 8051 类单片机也是世界上用量最大的几种单片机之一。由于 Intel 公司在嵌入式应用方面将重点放在 286、386、奔腾等与 PC 类的高档芯片的开发上，8051 单片机主要由 Philips、Dallas、Siemens、Atmel、华邦、LG 等公司接手生产。这些公司都以 MCS-51 中的基础结构 8051 为基准推出了许多各具特色、具有优异性能的单片机。这样，把这些厂家以 8051 为基准推出的各种型号的兼容型单片机统称为 51 系列单片机。Intel 公司 MCS-51 系列单片机中的 8051 是其中最基础的单片机型号。表 1-1 是 Intel 公司主要单片机系列介绍。

2. Atmel 单片机

Atmel 公司的 90 系列单片机是增强型 RISC 内载 Flash 的单片机，通常为 AVR 单片机。AVR 单片机是 Atmel 公司推出的较为新颖的单片机，其显著的特点为高性能、高速度、低功耗。它取消机器周期，以时钟周期为指令周期，实行流水作业。AVR 单片机指令以字为单位，且大部分指令都为单周期指令。而单周期既可执行本指令功能，又可同时完成下一条指令的读取。AVR 单片机硬件结构采取 8 位机与 16 位机的折中策略，即采用局部寄存器存堆（32 个寄存器文件）和单体高速输入/输出的方案（即输入捕获寄存器、输出比较匹配寄存器及相应控制逻辑），提高了指令执行速度（1MIPS/MHz），克服了如 8051 MCU 采用单一 ACC 进行处理造成的瓶颈现象，增强了功能；同时又减少了对外设管理的开销，相对简化了硬件结构，降低了成本。故 AVR 单片机在软/硬件开销、速度、性能和成本诸多方面取得了优化平衡，是高性价比的单片机。

表 1-1 Intel 主要单片机系列

系列	型号	片内存储器(字节) ROM/EPROM	片内存储器(字节) RAM	片外存储器直接寻址(字节) RAM	片外存储器直接寻址(字节) EPROM	I/O口线 并行	I/O口线 串行	中断源	定时器/计数器(个×位)	晶振(MHz)	典型指令周期(μs)	封装(DIP)	其他
MCS-48 (8位机)	8048	1K	64	256	4K	27		2	1×8	2~8	1.9	40	
	8748	/1K	64	256	4K	27		2	1×8	2~8	1.9	40	
	8035	—	64	256	4K	27		2	1×8	2~8	1.9	40	
	8049	2K/	128	256	4K	27		2	1×8	2~11	1.36	40	
	8749	/2K	128	256	4K	27		2	1×8	2~11	1.36	40	
	8039	—	128	256	4K	27		2	1×8	2~11	1.36	40	
MCS-51 (8位机)	8051	4K/	128	64K	64K	32	UART	5	2×16	2~12	1	40	HMOS
	8751	/4K	128	64K	64K	32	UART	5	2×16	2~12	1	40	HMOS
	8031	—	128	64K	64K	32	UART	5	2×16	2~12	1	40	HMOS
	8052	8K/	256	64K	64K	32	UART	6	3×16	2~12	1	40	HMOS
	8752	/8K	256	64K	64K	32	UART	6	3×16	2~12	1	40	HMOS
	8032	—	256	64K	64K	32	UART	6	3×16	2~12	1	40	HMOS
	80C51	4K/	128	64K	64K	32	UART	5	2×16	2~12	1	40	CHMOS
	80C31	—	128	64K	64K	32	UART	5	2×16	2~12	1	40	CHMOS
	87C51	/4K	128	64K	64K	32	UART	5	2×16	2~12	1	40	CHMOS
	80C252	8K/	256	64K	64K	32	UART	7	3×16	2~12	1	40	CHMOS,有脉冲宽调制,高速输出
	87C252	/8K	256	64K	64K	32	UART	7	3×16	2~12	1	40	CHMOS,有脉冲宽调制,高速输出
	83C252	—	256	64K	64K	32	UART	7	3×16	2~12	1	40	CHMOS,有脉冲宽调制,高速输出
	8044	4K/	192	64K	64K	32	SIU	5	2×16	12	1	40	SIU 最大传输率2.4Mb/s,最大传输距离30公尺
	8744	/4K	192	64K	64K	32	SIU	5	2×16	12	1	40	
	8344	—	192	64K	64K	32	SIU	5	2×16	12	1	40	
MCS-96 (16位机)	8094	—	232	64K	64K	32	UART	8	4×16	12	1~2	48	4×10位A/D
	8095	—	232	64K	64K	32	UART	8	4×16	12	1~2	48	8×10位A/D
	8096	—	232	64K	64K	48	UART	8	4×16	12	1~2	68	4×10位A/D
	8097	—	232	64K	64K	48	UART	8	4×16	12	1~2	68	8×10位A/D
	8394	8K/	232	64K	64K	32	UART	8	4×16	12	1~2	48	4×10位A/D
	8395	8K/	232	64K	64K	32	UART	8	4×16	12	1~2	48	8×10位A/D
	8396	8K/	232	64K	64K	48	UART	8	4×16	12	1~2	68	4×10位A/D
	8397	8K/	232	64K	64K	48	UART	8	4×16	12	1~2	68	8×10位A/D

3. Microship 单片机

PIC 单片机系列是美国微芯公司(Microship)的产品,是当前市场份额增长最快的单片机之一。CPU 采用 RISC 结构,分别有 33、35、58 条指令(视单片机的级别而定),属精简指令集。而 51 系列有 111 条指令,AVR 单片机有 118 条指令,都比前者复杂。采用 Harvard 双总线结构,运行速度快(指令周期 160 ~ 200 ns),它能使程序存储器的访问和数据存储器的访问并行处理,这种指令结构在一个周期内完成两部分工作:一是执行指令,二是从程序存储器取出下一条指令,这样总的看来每条指令只需一个周期(个别除外),这也是高效率运行的原因之一。此外,它还具有低工作电压、低功耗、驱动能力强等特点。

4. Motorola 单片机

Motorola 是世界上最大的单片机厂商。从 M6800 开始,开发了广泛的品种,4 位、8 位、16 位和 32 位的单片机都能生产,Motorola 单片机的特点之一是在同样单片机种类的速度下所用的时钟频率较 Intel 类单片机低得多,因而使得高频噪声低,抗干扰能力强,更适合于工控领域及恶劣的环境。

5. Micon 单片机

工业级 OTP 单片机,Micon 公司生产,与 PIC 单片机管脚完全一致,海尔集团的电冰箱控制器、TCL 通信产品、长安奥拓铃木小轿车功率分配器就是采用的这种单片机。

6. Scenix 单片机

Scenix 公司推出的 8 位 RISC 结构 SX 系列单片机与 Intel 的 Pentium II 等一起被评选为 1998 年世界十大处理器。在技术上有其独到之处:SX 系列双时钟设置,指令运行速度可达 50/75/100 MIPS(每秒执行百万条指令,Million Instruction Per Second);具有虚拟外设功能,柔性化 I/O 端口,所有的 I/O 端口都可单独编程设定,公司提供各种 I/O 的库函数,用于实现各种 I/O 模块的功能,如多路 UART、多路 A/D、PWM、SPI、DTMF、FS、LCD 驱动等等。采用 EEPROM/Flash 程序存储器,可以实现在线系统编程。通过计算机 RS232C 接口,采用专用串行电缆即可对目标系统进行在线实时仿真。

7. 华邦单片机

华邦公司的 W77、W78 系列 8 位单片机的脚位和指令集与 8051 兼容,但每个指令周期只需要 4 个时钟周期,速度提高了 3 倍,工作频率最高可达 40 MHz。同时增加了 WatchDog Timer、6 组外部中断源、2 组 UART、2 组 Data Pointer 以及 Wait State Control Pin。W741 系列的 4 位单片机具有液晶驱动、在线烧录、保密性高、低操作电压(1.2 ~ 1.8V)等优点。

8. Freescale 单片机

飞思卡尔 S12 和 S12X 微控制器可以为汽车和工业应用提供高性能的 16 位控制功能。S12X 微控制器具有创新的 XGate 模块,无需 CPU 干预即可处理中断事件。这让 S12X 控制器具备了通常在 32 位控制器上才有的高性能处理能力。16 位产品组合也包括一系列的数字信号控制器(DSC)将微控制器功能与 DSP 性能合二为一,它们特别适合先进的电机控制应用。

9. TI 单片机

德州仪器(TI)超低功耗混合信号微处理器的 MSP430 16 位单片机,为各种低功耗和便携式应用提供了最终解决方案。同时德州仪器为 MSP430 16 位 MCU 提供强大的设计支持，其中包括技术文档、培训、工具以及软件等。

1.3　单片机的发展及应用领域

1.3.1　单片机的发展

单片机也被称为微控制器(Microcontroller Unit)，常用英文字母的缩写 MCU 表示单片机，它最早是被用在工业控制领域。单片机是一种集成电路芯片，是采用超大规模集成电路技术把具有数据处理能力的中央处理器 CPU、随机存储器 RAM、只读存储器 ROM、多种 I/O 接口和中断系统、定时器/计数器等功能(可能还包括显示驱动电路、脉宽调制电路、模拟多路转换器、A/D 转换器等电路)集成到一块硅片上构成的一个小而完善的微型计算机系统。最早的设计理念是通过将大量外围设备和 CPU 集成在一个芯片中，使计算机系统更小，更容易集成进入复杂的而对体积要求严格的控制设备当中。Intel 的 Z80 是最早按照这种思想设计出的处理器，从此以后，单片机和专用处理器的发展便分道扬镳。

早期的单片机都是 4 位或 8 位的，其中最成功的是 Intel 的 8031，因为简单可靠且性能不错获得了很大的好评。此后在 8031 基础上发展出了 MCS51 系列单片机系统，基于这一系统的单片机系统直到现在还在广泛使用。随着工业控制领域要求的提高，开始出现 16 位单片机，但因为性价比不理想并未得到很广泛的应用。20 世纪 90 年代后随着消费电子产品的快速发展，单片机技术得到巨大提高。随着 Intel I960 系列特别是后来的 ARM 系列的广泛应用，32 位单片机迅速取代 16 位单片机的高端地位，并且进入主流市场。而传统的 8 位单片机的性能也得到了飞速提高，处理能力比起 80 年代提高了数百倍。目前，高端的 32 位单片机主频已经超过 300 MHz，性能直追 90 年代中期的专用处理器，而普通的型号出厂价格跌落至 1 美元，最高端的型号也只有 10 美元。当代单片机系统已经不再只在裸机环境下开发和使用，大量专用的嵌入式操作系统被广泛应用在全系列的单片机上。而在作为掌上电脑和手机核心处理的高端单片机甚至可以直接使用专用的 Windows 和 Linux 操作系统。

单片机比专用处理器更适合应用于嵌入式系统，因此它得到了最多的应用。事实上单片机是世界上数量最多的计算机。现代人类生活中几乎所用的每件电子和机械产品中都会集成有单片机。手机、电话、计算器、家用电器、电子玩具、掌上电脑以及鼠标等电脑配件中都配有 1~2 台单片机。而个人电脑中也会有为数不少的单片机在工作。汽车上一般配备 40 多台单片机，复杂的工业控制系统上甚至可能有数百台单片机在同时工作，单片机的数量不仅远超过 PC 机和其他计算机的总和，甚至比人类的数量还要多。

单片机的发展历史并不长，它诞生于 1971 年，经历了 SCM、MCU、SoC 三大阶段：

• SCM (Single Chip Microcomputer)(单片微型计算机)阶段，主要是寻求最佳的单片形态嵌入式系统的最佳体系结构。"创新模式"获得成功，奠定了 SCM 与通用计算机完全不同的发展道路。在开创嵌入式系统独立发展道路上，Intel 公司功不可没。

• MCU (Micro Controller Unit)(微控制器)阶段，主要的技术发展方向是：不断扩展满足嵌入式应用时，发展对象系统要求的各种外围电路与接口电路，突显其对象的智能化控制能力。它所涉及的领域都与对象系统相关，因此发展 MCU 的重任不可避免地落在电气、电子技术厂家肩上。在发展 MCU 方面，最著名的厂家当数 Philips 公司，Philips 公司以其在嵌入式应用方面的巨大优势，将 MCS –51 从单片微型计算机迅速发展到微控制器。

● SoC（System on Chip）（片上系统）阶段，单片机是嵌入式系统的独立发展之路。向 MCU 阶段发展的重要推动力，就是寻求应用系统在芯片上的最大化解决，因此，单片专用机的发展自然形成了 SoC 化趋势。使用 SoC 技术设计系统的核心思想，就是要把整个应用电子系统全部集成在一个芯片中。随着微电子技术、IC 设计、EDA 工具的发展，基于 SoC 的单片机应用系统设计会有较大的发展。因此，对单片机的理解可以从单片微型计算机、单片微控制器延伸到单片应用系统。

1.3.2 单片机的特点

单片机技术的发展已经由初期逐渐走向成熟。一方面，性能高和数据处理能力更强的 16 位机、32 位机发展迅猛；另一方面，8 位单片机的应用范围仍然很广，8 位单片机也不断采用新技术、新工艺，出现了大量性价比高的产品。其特点主要表现在以下几个方面：

1. 高集成度，体积小，高可靠性

单片机将各功能部件集成在一块晶体芯片上，集成度很高，体积自然也是最小的。芯片本身是按工业测控环境要求设计的，内部布线很短，其抗工业噪音性能优于一般通用的 CPU。单片机程序指令、常数及表格等固化在 ROM 中不易被破坏，许多信号通道均在一个芯片内，故可靠性高。

2. 控制功能强

为了满足对对象的控制要求，单片机的指令系统均有极丰富的条件：分支转移能力、I/O 口的逻辑操作以及位处理能力，非常适用于专门的控制功能。

3. 低电压，低功耗，便于生产便携式产品

为了满足广泛使用于便携式系统，许多单片机内的工作电压仅为 1.8 ~ 3.6V，工作电流仅为数百微安。

4. 易扩展

片内具有计算机正常运行所必需的部件。芯片外部有许多供扩展用的三总线及并行、串行输入/输出管脚，很容易构成各种规模的计算机应用系统。

5. 优异的性能价格比

单片机的性能极高，为了提高速度和运行效率，单片机已开始使用 RISC 流水线和 DSP 等技术。单片机的寻址能力也已突破 64 KB 的限制，有的已可达到 1 MB 和 16 MB，片内的 ROM 容量可达 62 MB，RAM 容量则可达 2 MB。由于单片机的广泛使用，因而销量极大，各大公司的商业竞争更使其价格十分低廉，其性能价格比极高。

1.3.3 单片机的应用领域

目前单片机已渗透到我们生活的各个领域，几乎很难找到哪个领域没有单片机的踪迹。导弹的导航装置，飞机上各种仪表的控制，计算机的网络通讯与数据传输，工业自动化过程的实时控制和数据处理，广泛使用的各种智能 IC 卡，民用豪华轿车的安全保障系统，录像机、摄像机、全自动洗衣机的控制，以及程控玩具、电子宠物等等，这些都离不开

单片机,更不用说自动控制领域的机器人、智能仪表、医疗器械了。单片机广泛应用于仪器仪表、家用电器、医用设备、航空航天、专用设备的智能化管理及过程控制等领域,大致可分为如下几个范畴:

1. 在智能仪器仪表上的应用

单片机具有体积小、功耗低、控制功能强、扩展灵活、微型化和使用方便等优点,广泛应用于仪器仪表中,结合不同类型的传感器,可实现诸如电压、功率、频率、湿度、温度、流量、速度、厚度、角度、长度、硬度、元素、压力等物理量的测量。采用单片机控制使得仪器仪表数字化、智能化、微型化,且功能比起采用电子或数字电路更加强大。例如精密的测量设备(功率计,示波器,各种分析仪)。

2. 在工业控制中的应用

单片机 I/O 线多,位指令丰富,逻辑操作能力强,特别适用于实时控制,既可以作单机控制,又可以作多级控制的前沿处理机,应用领域相当广。用单片机可以构成形式多样的控制系统、数据采集系统,例如工厂流水线的智能化管理、电梯智能化控制、各种报警系统、与计算机联网构成二级控制系统等。

3. 在家用电器中的应用

可以这样说,现在的家用电器基本上都采用了单片机控制,从电饭煲、洗衣机、电冰箱、空调机、彩电、其他音响视频器材,到电子秤量设备,五花八门,无所不在。

4. 在计算机网络和通信领域中的应用

现代的单片机普遍具备通信接口,可以很方便地与计算机进行数据通信,为在计算机网络和通信设备间的应用提供了极好的物质条件。现在的通信设备基本上都实现了单片机智能控制,从手机、电话机、小型程控交换机、楼宇自动通信呼叫系统、列车无线通信,到日常工作中随处可见的移动电话、集群移动通信、无线电对讲机等。

5. 单片机在医用设备领域中的应用

单片机在医用设备中的用途亦相当广泛,例如医用呼吸机、各种分析仪、监护仪、超声诊断设备及病床呼叫系统等。

此外,单片机在国民经济各领域都有着十分广泛的用途。综上所述,单片机已经成为计算机发展和应用的一个重要方面。此外,单片机应用的重要意义还在于,它从根本上改变了传统的控制系统设计思想和设计方法。从前必须由模拟电路或数字电路实现的大部分功能,现在已经能用单片机通过软件方法来实现了。这种软件代替硬件的控制技术也称为微控制技术,是传统控制技术的一次革命。

第2章　单片机系统结构及开发环境

如果想要学习 51 单片机,了解其内部结构是必不可少的过程,可以帮助你更好地控制单片机的各部分协调工作,提高单片机工作效率。

2.1　80C51 单片机的物理结构

2.1.1　80C51 单片机资源

80C51 单片机是在一块芯片中集成了 CPU、RAM、ROM、定时器/计数器和多种功能的 I/O 线等一台计算机所需要的基本功能部件。80C51 单片机内包含下列几个部件:

- 一个 8 位 CPU。
- 一个片内振荡器及时钟电路。
- 4K 字节 ROM 程序存储器。
- 128 字节 RAM 数据存储器。
- 两个 16 位定时器/计数器。
- 可寻址 64K 外部数据存储器和 64K 外部程序存储器空间的控制电路。
- 32 条可编程的 I/O 线(四个 8 位并行 I/O 端口)。
- 一个可编程全双工串行口。
- 具有五个中断源、两个优先级嵌套中断结构。

2.1.2　80C51 单片机引脚定义

80C51 单片机引脚配置如图 2-1,常见 40 引脚功能说明如下:

1. 主电源引脚 V_{SS} 和 V_{CC}

①V_{SS} 接地。

②V_{CC} 接 +5V 电源。

2. 外接晶振引脚 XTAL1 和 XTAL2

①XTAL1 内部振荡电路反相放大器的输入端,是外接晶体的一个引脚。当采用外部振荡器时,此引脚接地。

②XTAL2 内部振荡电路反相放大器的输出端,是外接晶体的另一端。当采用外部振荡器时,此引脚接外部振荡源。

3. 控制或与其他电源复用引脚 RST/VPD,ALE/$\overline{PROG}$,$\overline{PSEN}$ 和 $\overline{EA}$/V_{PP}

①RST/VPD。当振荡器运行时,在此引脚上出现两个机器周期的高电平(由低到高跳变),将使单片机复位。在 V_{CC} 掉电期间,此引脚可接上备用电源,由 VPD 向内部提供备用

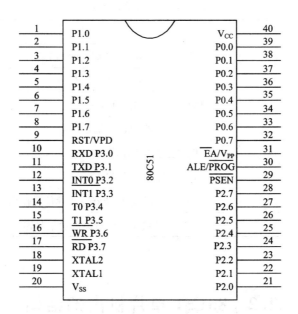

图 2 - 1 80C51 单片机引脚配置

电源,以保持内部 RAM 中的数据。

②ALE/PROG。正常操作时为 ALE 功能(允许地址锁存),把地址的低字节锁存到外部锁存器,ALE 引脚以不变的频率(振荡器频率的 1/6)周期性地发出正脉冲信号。因此,它可用作对外输出的时钟,或用于定时目的。但要注意,每当访问外部数据存储器时,将跳过一个 ALE 脉冲,ALE 端可以驱动(吸收或输出电流)8 个 LSTTL 电路。对于 EPROM 型单片机,在 EPROM 编程期间,此引脚接收编程脉冲(PROG功能)。

③PSEN。PSEN 为外部程序存储器读选通信号输出端,在从外部程序存储器取指令(或数据)期间,PSEN 在每个机器周期内两次有效。PSEN 同样可以驱动 8 个 LSTTL 输入。

④EA/V_PP。EA/V_PP 为内部程序存储器和外部程序存储器选择端。当 EA/V_PP 为高电平时,访问内部程序存储器;当 EA/V_PP 为低电平时,则访问外部程序存储器。对于 EPROM 型单片机,在 EPROM 编程期间,此引脚上加 21 V EPROM 编程电压(V_{PP})。

4. 输入/输出引脚 P0.0 ~ P0.7,P1.0 ~ P1.7,P2.0 ~ P2.7,P3.0 ~ P3.7。

①P0 口(P0.0 ~ P0.7)是一个 8 位漏极开路型双向 I/O 口。在访问外部存储器时,它是分时传送的低字节地址和数据总线,P0 口能以吸收电流的方式驱动 8 个 LSTTL 负载。

②P1 口(P1.0 ~ P1.7)是一个带有内部提升电阻的 8 位准双向 I/O 口。能驱动(吸收或输出电流)4 个 LSTTL 负载。

③P2 口(P2.0 ~ P2.7)是一个带有内部提升电阻的 8 位准双向 I/O 口。在访问外部存储器时,它输出高 8 位地址。P2 口可以驱动(吸收或输出电流)4 个 LSTTL 负载。

④P3 口(P3.0 ~ P3.7)是一个带有内部提升电阻的 8 位准双向 I/O 口。能驱动(吸收或输出电流)4 个 LSTTL 负载。

⑤P3 口第二功能如表 2 - 1。

表 2 - 1　P3 口第二功能

端口功能	第二功能
P3.0	RXD—串行输入(数据接收)口
P3.1	TXD—串行输出(数据发送)口
P3.2	INT0—外部中断 0 输入线
P3.3	INT1—外部中断 1 输入线
P3.4	T0—定时器 0 外部输入
P3.5	T1—定时器 1 外部输入
P3.6	WR—外部数据存储器写选通信号输出
P3.7	RD—外部数据存储器读选通信号输入

2.2　80C51 单片机内部结构

2.2.1　80C51 单片机内部结构

如图 2 - 2、图 2 - 3 所示,从图中可以看出 80C51 单片机内部主要有以下几部分:

- 中央处理器(CPU):完成指令的运行控制、8 位数据运算和位处理等。
- 4KB 片内程序存储器(ROM):主要用于存入程序、常数和表格。
- 128B 数据存储器(RAM):主要用于存入可随机读写的数据,一般是运算的中间结果。
- 一个可编程全双工串行口:实现单片机与其他设备之间的串行数据传递。
- 两个 16 位定时器/计数器:定时或计数。
- 4 个 8 位并行输入输出(I/O)口:P0、P1、P2、P3,主要用于完成数据的并行输入和输出。
- 中断系统。
- 时钟振荡电路。

2.2.2　80C51 单片机内部结构详解

1. 中央处理器(CPU)

中央处理单元以算术逻辑单元 ALU 为核心,包括累加器 ACC、寄存器 B、暂存器、程序状态字 PSW 等部件。它能实现数据的算术逻辑运算、位变量处理和数据传输操作。

(1)算术逻辑单元 ALU 与累加器 ACC、寄存器 B

算术逻辑单元(ALU)不仅能完成 8 位二进制的加、减、乘、除、加 1、减 1 及 BCD 加法的十进制调整等算术运算,还能对 8 位变量进行逻辑"与"、"或"、"异或"、循环移位、求补、清零等逻辑运算,并具有数据传输、程序转移等功能。ALU 具有以下特点:

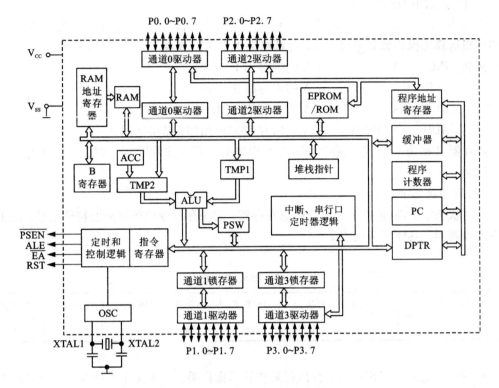

图 2 – 2　80C51 单片机内部结构图

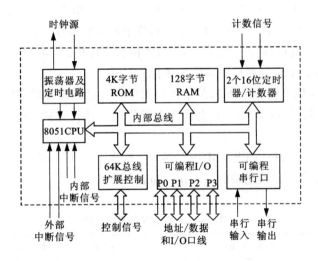

图 2 – 3　80C51 单片机功能框图

- 在 B 寄存器配合下，能完成乘法与除法操作。
- 可进行多种内容交换操作。
- 能作比较判断操作。

● 有很强的位操作功能。

累加器(ACC)为一个 8 位寄存器,它是 CPU 中使用最频繁的寄存器。进入 ALU 作算术和逻辑运算的操作数多来自于 A,运算结果也常送回 A 保存。

例如:INC　　A　　　　;A 的内容加 1
　　　CLR　　A　　　　;A 的内容清 0
　　　RL　　A　　　　;A 的内容依次循环左移一位
　　　ADD　　A,#32H　　;A 的内容和 32H 相加,结果送回 A

寄存器 B 是为 ALU 进行乘除法运算而设置的。若不作乘除运算时,则可作为通用寄存器使用。

(2)程序状态字

程序状态字 PSW 是一个 8 位的标志寄存器,它保存指令执行结果的特征信息,以供程序查询和判别。具体定义见表 2 - 2。

表 2 - 2　PSW 各位定义

PSW.7	PSW.6	PSW.5	PSW.4	PSW.3	PSW.2	PSW.1	PSW.0
C	AC	F0	RS1	RS0	OV	—	P

● 进位标志位 C(PSW.7):在执行某些算术操作类、逻辑操作类指令时,可被硬件或软件置位或清零。它表示运算结果是否有进位或借位。如果在最高位有进位(加法时)或有借位(减法时),则 C = 1,否则 C = 0。它可以单独进行位操作:

例如:ORL　　C,bit;　　　进位位 C 和某一位 bit 相或,结果送回 C

● 辅助进位标志位 AC(PSW.6):它表示两个 8 位数运算,低 4 位有无进(借)位的状况。当低 4 位相加(或相减)时,若 D3 位向 D4 位有进位(或借位),则 AC = 1,否则 AC = 0。在 BCD 码运算的十进制调整中要用到该标志。

● 用户自定义标志位 F0(PSW.5):用户可根据自己的需要对 F0 赋予一定的含义,通过软件置位或清零,并根据 F0 = 1 或 0 来决定程序的执行方式,或反映系统某一种工作状态。

● 工作寄存器组选择位 RS1、RS0(PSW.4、PSW.3):可用软件置位或清零,用于选定当前使用的 4 个工作寄存器组中的某一组,如表 2 - 3。

表 2 - 3　工作寄存器组选择

PSW.4(RS1)	PSW.3(RS0)	当前使用的工作寄存器组 R0 ~ R7
0	0	0 组(00H ~ 07H)
0	1	1 组(08H ~ 0FH)
1	0	2 组(10H ~ 17H)
1	1	3 组(18H ~ 1FH)

- 溢出标志位 OV(PSW.2)：在执行算术指令时，指示运算是否产生溢出。
- PSW.1 位：保留位，未用。
- 奇偶标志位 P(PSW.0)：在执行指令后，单片机根据累加器 A 中 1 的个数的奇偶自动给该标志置位或清零。若 A 中 1 的个数为奇数，则 P=1，否则 P=0。

(3)布尔处理机

布尔处理机是 80C51 单片机 ALU 所具有的一种功能。单片机指令系统中的位处理指令集(17 条位操作指令)、存储器中的位地址空间、以及借用程序状态寄存器 PSW 中的进位标志 CY 作为位操作"累加器"，构成了 MCS–51 单片机内的布尔处理机。它可对直接寻址的位(bit)变量进行位处理，如置位、清零、取反、测试转移以及逻辑"与"、"或"等位操作，使用户在编程时可以利用指令完成原来单凭复杂的硬件逻辑所完成的功能，并可方便地设置标志等。

2. 80C51 内部控制系统

80C51 内部控制系统是单片机的神经中枢，它包括定时和控制电路、指令寄存器、译码器以及信息传送控制等部件。

(1)程序计数器 PC

程序计数器 PC 用来存放即将要执行的指令地址，共 16 位，可对 64K 程序存储器直接寻址。执行指令时，PC 内容的低 8 位经 P0 口输出，高 8 位经 P2 口输出。

(2)指令寄存器

指令寄存器中存放指令代码。CPU 执行指令时，由程序存储器中读取的指令代码送入指令寄存器，经译码后由定时与控制电路发出相应的控制信号，完成指令功能。

(3)定时器

- 时钟电路：80C51 片内设有一个由反向放大器所构成的振荡电路，XTAL1 和 XTAL2 分别为振荡电路的输入和输出端，时钟可以由内部方式产生或外部方式产生。在 XTAL1 和 XTAL2 引脚上外接定时元件，内部振荡电路就产生自激振荡。定时元件通常采用石英晶体和电容组成的并联谐振回路。晶振可以在 1.2 MHz 到 12 MHz 之间选择，电容值在 5~30 pF 之间选择，电容的大小可起频率微调作用。

外部方式的时钟很少用，若要用时，只要将 XTAL1 接地、XTAL2 接外部振荡器就行。对外部振荡信号无特殊要求，只要保证脉冲宽度，一般采用频率低于 12 MHz 的方波信号。

时钟发生器把振荡频率二分频，产生一个两相时钟信号 P1 和 P2 供单片机使用。P1 在每一个状态 S 的前半部分有效，P2 在每一个状态的后半部分有效。

- 振荡周期：振荡脉冲的周期。
- 状态周期：两个振荡周期为一个状态周期，也称为时钟周期，用 S 表示。两个振荡周期作为两个节拍分别称为节拍 P1 和节拍 P2。在状态周期的前半周期 P1 有效时，通常完成算术逻辑操作；在后半周期 P2 有效时，一般进行内部寄存器之间的传输。
- 机器周期：一个机器周期包含 6 个状态周期(时钟周期)，用 S1、S2、…、S6 表示；共 12 个节拍，依次可表示为 S1P1、S1P2、S2P1、S2P2、…、S6P1、S6P2。
- 指令周期：执行一条指令所占用的全部时间，它以机器周期为单位。80C51 系列单片机除乘法、除法指令是 4 周期指令外，其余都是单周期指令和双周期指令。

不同晶振频率下的各周期情况如表 2–4 所示。

表 2 - 4　不同晶振频率下的各周期情况

晶振频率	振荡周期	时钟周期	机器周期	指令周期
6M	1/6 μs	1/3 μs	2uS	2 ~ 8 μs
12M	1/12 μs	1/6 μs	1 μs	1 ~ 4 μs

3. 80C51 内部存储结构

80C51 采用了哈佛结构，它把程序存储器和数据存储器分开，各有自己的寻址系统、控制信号和功能。程序存储器用来存放程序和始终要保留的常数，数据存储器通常用来存放程序运行中所需要的常数或变量。从物理地址空间看，80C51 有四个存储器地址空间，即：片内程序存储器和片外程序存储器以及片内数据存储器和片外数据存储器。

● 程序存储器：程序存储器用来存放程序和表格常数。计算机为了有序地工作，设置了一个专用程序计数器 PC，用以存放将要执行的指令地址。每取出指令的 1 个字节后，其内容自动加 1，指向下一字节地址，使计算机依次从程序存储器取出指令予以执行，完成某种程序操作。程序存储器以程序计数器 PC 作地址指针，通过 16 位地址总线，可寻址的地址空间为 64K 字节(0000H ~ FFFFH)。片内、片外统一编址。

在 80C51 片内，带有 4K 字节 ROM/EPROM 程序存储器(内部程序存储器)，若开发的单片机系统较复杂，片内程序存储器存储空间不够用时，可外扩展程序存储器，外部扩展总容量为 64K 总容量减去内部 4K 即为外部能扩展的最大容量。对 80C51 芯片，如 EA 引脚接高电平，复位后先执行片内，当 PC 中内容超过 0FFFH 时，将自动转去执行片外程序。对于片内无 ROM 的，$\overline{EA}$ 为低电平，只访问片外程序存储器。如图 2 - 4 所示。

● 数据存储器：80C51 单片机片内、外数据存储器是两个独立的地址空间，应分别单独编址。片内数据存储器除 RAM 块外，还有特殊功能寄存器(SFR)块。80C51 系列单片机各芯片内部都有数据存储器，是最灵活的地址空间，它分成物理上独立的且性质不同的几个区：00H ~ 7FH(0 ~ 127)单元组成的 128 字节地址空间的 RAM 区；80H ~ FFH(128 ~ 255)单元组成的高 128 字节地址空间的特殊功能寄存器(又称 SFR)区。如图 2 - 5 所示。

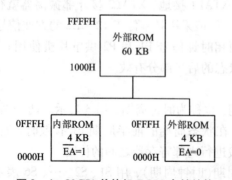

图 2 - 4　80C51 单片机 ROM 存储结构

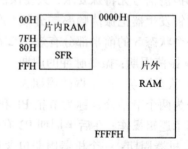

图 2 - 5　80C51 单片机 RAM 存储结构

特殊功能寄存器：80C51 单片机内的锁存器、定时器、串行口数据缓冲器以及各种控制寄存器和状态寄存器都是以特殊功能寄存器的形式出现的，它们分散地分布在内部

RAM 地址空间范围。特殊功能寄存器名称、地址、标识符如表 2 - 5 所示。

表 2 - 5　特殊功能寄存器

标识符	名称	地址
ACC	累加器	E0H
B	B 寄存器	F0H
PSW	程序状态字	D0H
SP	堆栈指针	81H
DPTR	数据指针(包括 DP_H 和 DP_L)	83H 和 82H
P0	I/O 口 0	80H
P1	I/O 口 1	90H
P2	I/O 口 2	A0H
P3	I/O 口 3	B0H
IP	中断优先级控制	B8H
IE	允许中断控制	A8H
TMOD	定时器/计数器方式控制	89H
TCON	定时器/计数器控制	88H
T2CON	定时器/计数器 2 控制	C8H
TH0	定时器/计数器 0(高位字节)	8CH
TL0	定时器/计数器 0(低位字节)	8AH
TH1	定时器/计数器 1(高位字节)	8DH
TL1	定时器/计数器 1(低位字节)	8BH
TH2	定时器/计数器 2(高位字节)	CDH
TL2	定时器/计数器 2(低位字节)	CCH
RLDH	定时器/计数器 2 自动再装载	CBH
RLDL	定时器/计数器 2 自动再装载	CAH
SCON	串行控制	98H
SBUF	串行数据缓冲器	99H
PCON	电源控制	87H

2.3 80C51 单片机开发环境

只有硬件系统 80C51 单片机是不能工作的，需使用软件对其进行开发应用。常使用的开发语言有汇编和 C51 语言。使用汇编语言或 C 语言要使用编译器，以便把写好的程序编译为机器码，才能把 HEX 可执行文件写入单片机内。Keil μVision 是众多单片机应用开发软件中最优秀的软件之一，它支持众多不同公司的 80C51 架构的芯片。它集编辑、编译、仿真等于一体，界面友好，易学易用，在调试程序、软件仿真方面也有很强大的功能。

2.3.1 80C51 单片机开发环境 Keil μVision4 介绍

Keil μVision4 有很多功能，在这里只做简要介绍，具体使用请参考相关使用说明。Keil μVision4 界面如图 2 – 6 所示。

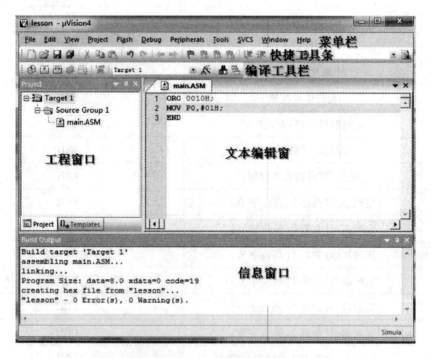

图 2 – 6 Keil μVision4 编程界面

● 菜单栏：Keil μVision4 的菜单栏主要由文件管理、编辑、视图、项目管理、Flash 烧写、调试、片上外试、工具、版本控制、窗口排列、帮助等子菜单构成。每一个子菜单下有不同的菜单选项。

● 快捷工具栏：主要是菜单栏中的一些快捷选项。

● 编译工具栏：有关编译链接和烧写程序的快捷选项。

● 工程窗口：管理工程项目。

● 文本编辑窗：编写程序代码。

● 信息窗口：显示编译链接结果，提示警告、错误。

2.3.2　如何使用 Keil μVision4 建立一个工程

（1）新建工程

如图 2-7 所示，点击［Project］→［New μVision Project…］，新建一个工程项目。

图 2-7　新建工程界面

（2）保存新工程

如图 2-8 所示，选择工程路径，输入新工程名称，点击［保存］，即可保存新工程。

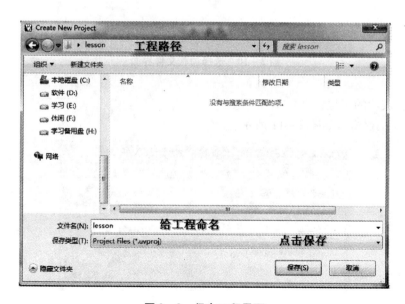

图 2-8　保存工程界面

（3）选择单片机类型

一般选用 Ateml 的 89C51，选择之后点击确定。如图 2-9 所示。

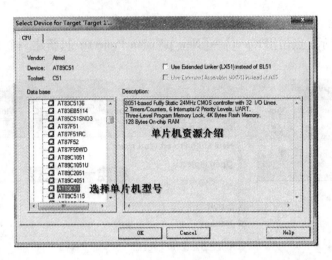

图 2-9　单片机型号选择窗口

（4）选择是否加载引导文件

如果加载，按照引导文件定义各段位置；否则，自己定义各段位置。如图 2-10 所示。

图 2-10　选择加载文件界面

（5）建立成功的工程

成功建立工程窗口如图 2-11 所示。

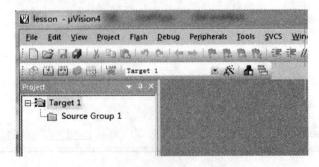

图 2-11　成功建立工程窗口

（6）设置工程属性

选择［Project］，点击［Options for Target '...'］。点击［Target］出现如图 2-12 所示界面，按实际需要设置不同选项。

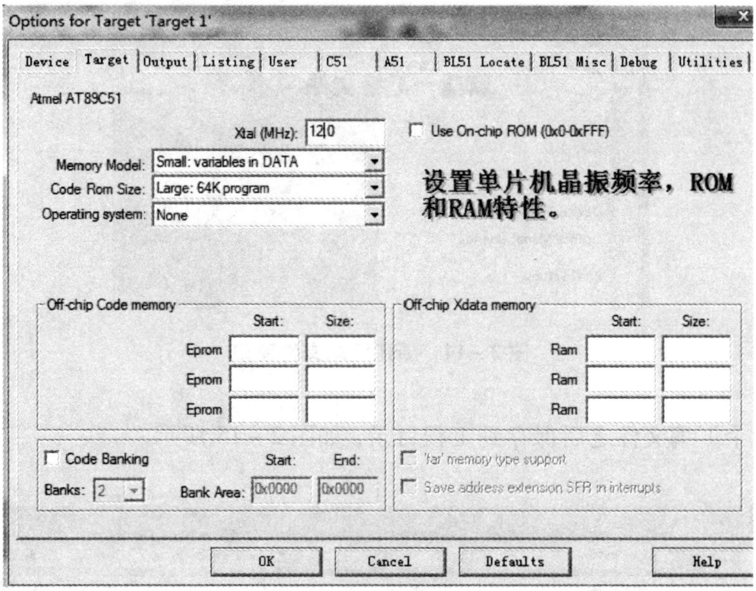

图 2-12 工程属性 Target 窗口

点击［Output］出现如图 2-13 所示界面，选择"Create HEX File"。

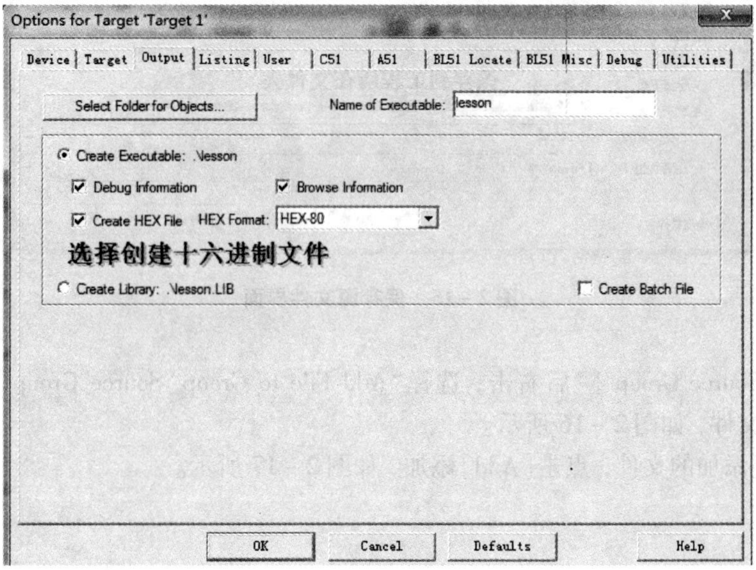

图 2-13 工程属性 Output 窗口

（7）给工程添加源文件

①单击［File］→［New…］，新建一汇编文件，如图 2 – 14 所示。

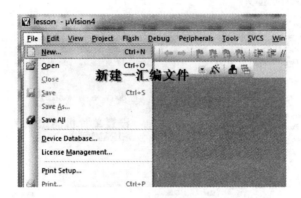

图 2 – 14　新建汇编文件窗口

②新建一个汇编文件之后保存到工程目录，如图 2 – 15 所示。

图 2 – 15　保存源文件界面

③单击"Source Group 1"后右击，选择"Add File to Group 'Source Group 1'"给 Source Group 1 添加文件，如图 2 – 16 所示。

④选择要添加的文件，点击［Add］添加，如图 2 – 17 所示。

图 2 – 16　添加文件窗口

图 2 – 17　选择添加文件窗口

(8)编辑程序

在文本编辑窗中编辑程序,如图 2 – 18 所示。

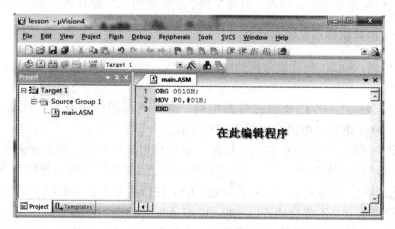

图 2 – 18　编辑程序窗口

（9）编译文件

点击［Rebuild］，编译文件，如图 2-19 所示。

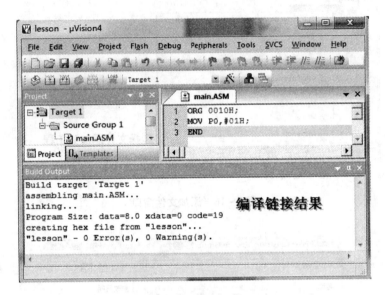

图 2-19　编译窗口

（10）烧录软件

将编译链接后生成的十六进制文件利用烧录软件烧到单片机中即可。

2.4　80C51 单片机最小系统

2.4.1　80C51 单片机最小系统电路框图

单片机的最小系统就是让单片机能正常工作并发挥其功能时所必需的组成部分。构成 80C51 单片机的最小系统包括电源、时钟电路、复位电路、51 单片机。如图 2-20 所示。

2.4.2　80C51 单片机最小系统电路介绍

● 电源电路：80C51 单片机常用的电源为 +5V。选用电源时要选用纹波小，电压稳定的电源。

● 时钟电路：上一节已介绍过时钟电路，这里不再做详细介绍。该最小系统采样 12MHz 晶振，30pF 电容。电路图如图 2-21 所示。

复位电路：复位是单片机的初始化操作。单片机启动运行时，都需要先复位，其作用是使 CPU 和系统中其他部件处于一个确定的初始状态，并从这个状态开始工作。因而，复位是一个很重要的操作方式。当单片机稳定，RST 保持两个机器周期以上的高电平时自动复位。但单片机本身是不能自动进行复位的，必须配合相应的外部电路才能实现。上电或开关复位要求电源接通后，单片机自动复位，并且在单片机运行期间，用开关操作也能使单片机复位。复位电路如图 2-22 所示。

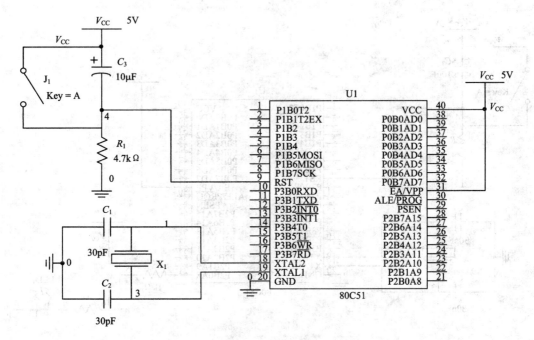

图 2 - 20 最小系统

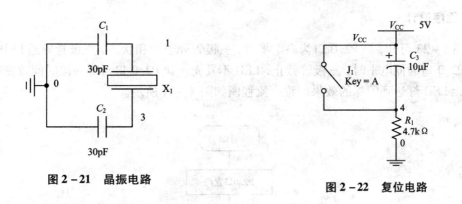

图 2 - 21 晶振电路   图 2 - 22 复位电路

2.5 80C51 单片机应用实例

对单片机的 I/O 口读写操作是单片机最基本的使用方法,本例讲述利用 51 单片机的 I/O 口驱动点亮 LED 灯,使 LED 灯闪烁。

2.5.1 硬件电路设计

51 单片机驱动点亮 LED 电路主要包括 80C51 单片机、复位电路、时钟电路、LED 灯驱动电路。如图 2 - 23 所示。

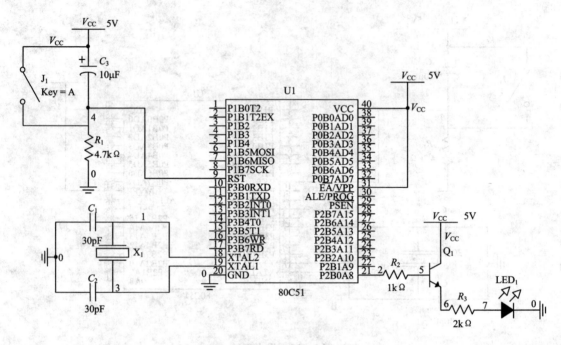

图 2 – 23　最小系统应用电路

2.5.2　程序设计

由图 2 – 23 可知, 当 P2.0 口为高电平时, 三极管处于饱和状态, 三极管导通 LED 灯发光; 当 P2.0 口为低电平时, 三极管截止, LED 不发光。让 P2.0 口每隔一段时间改变电平, 就可以让 LED 灯达到闪烁的效果。程序流程图如图 2 –24 所示。

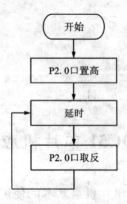

图 2 – 24　程序流程图

编写程序如下:
```
ORG 0010H                    ;从 0010H 这个地址开始加载程序
MOV P0, #01H                 ;给 P0 赋值 1, 即第一个管脚是 1
```

```
BIT1 BIT P0.0              ; 位命名
SHU1 DATA 200              ; SHU1 定义为 200
SHU2 DATA 200              ; SHU2 定义为 200
LOOP1：MOV R1，#SHU1       ; R1 中赋值 SHU1
LOOP2：MOV R2，#SHU2       ; R2 中赋值 SHU2
LOOP3：DJNZ R2，LOOP3      ; R2 减一，比较是不是为零，为零向下进行，否则跳转 LOOP3
       DJNZ R1，LOOP2      ; R1 减一，比较是不是为零，为零向下进行，否则跳转 LOOP2
       CPL BIT1           ; BIT1 位取反
       AJMP LOOP1         ; 跳转到 LOOP1
END
```

第 3 章 寻址方式与指令系统

3.1 指令系统概述

指令是 CPU 按照人的意图来执行某种操作的命令。一台计算机所能执行的全部指令集合就是它的指令系统。指令系统功能的完整及效率很大程度决定该类计算机的性能的高低。

单片机编程中可以使用机器语言、汇编语言和高级语言,但不管哪种语言,都需要借助相应的指令编译程序,而且后两种语言最终要翻译成单片机可以识别的机器码,让单片机执行。所谓机器语言是指用二进制编码表示每条指令,计算机能够直接识别。而汇编语言则是借用助记符、地址符号和标号将指令符号化表示的语言。高级语言则是接近于自然语言及数学公式编程语言。因为不管是机器语言还是汇编语言,都是直接使用指令编写程序,因此指令系统对单片机用户显得格外重要。

鉴于机器语言具有程序长、不易书写、难于阅读和调试、容易出错且出错不易查找等缺点,使用符号指令就显得十分必要,通常把表示指令的符号称为助记符。以助记符表示的指令就是计算机的汇编语言,使用汇编语言编写的程序称为汇编语言程序。为起到助记作用,指令通常以其英文名称或缩写形式来作为助记符。

3.1.1 80C51 指令的分类

单片机的指令系统共有指令 111 条,按照指令字节数划分,可分为单字节指令(49条)、双字节指令(45 条)和三字节指令(17 条);按照指令执行周期划分可分为单机器周期(64 条)、双机器周期(45 条)和四机器周期(2 条);按照指令功能划分,可分为五类:

- 数据传送类指令(28 条);
- 算术运算类指令(24 条);
- 逻辑运算及移位类指令(25 条);
- 控制转移类指令(17 条);
- 位操作类指令(17 条)。

这五类指令将在本章分类进行介绍。

3.1.2 80C51 单片机指令系统的特点

指令系统功能的强弱决定了计算机性能的高低,80C51 单片机指令系统的特点是:

- 存储效率高、执行速度快、执行时间短。可以进行直接地址到直接地址的数据传送,1 个机器周期指令有 64 条,2 个机器周期指令有 45 条,而 4 个机器周期指令仅有 2

条，即乘除指令。

- 指令编码字节少。单字节的指令有 49 条，双字节的指令有 45 条，三字节的指令仅有 17 条。
- 位操作指令丰富。此为 80C51 单片机面向控制特点的重要保证。
- 可直接用传送指令实现端口的输入输出操作。

3.2　指令格式及常用符号

3.2.1　机器指令编码格式

计算机能直接识别和执行的指令是二进制编码指令（机器指令），由于符号指令是机器指令的符号表示，所以它与机器指令有一一对应的关系。符号指令转换成机器指令后，才能被单片机识别和执行。

指令的表示方法称为指令格式，其内容包括指令的长度和指令内部信息的安排等。一条指令通常由两部分组成：操作码和操作数（或操作数地址）。操作码是用来规定指令进行什么操作，如加、减、比较、移位等；而操作数则表示指令操作的对象。操作数可以是一个具体的数据，也可能是指出到哪里取得数据的地址或符号。

80C51 的机器指令按指令字节数分为 3 种格式：单字节指令、双字节指令和三字节指令。

1. 单字节指令

单字节指令只有一个字节，操作码和操作数信息同在其中，它有两种编码格式：

(1) 8 位编码仅为操作码

字节位号	7	6	5	4	3	2	1	0
字节	操作码							

这种指令的 8 位编码仅为操作码，指令的操作数隐含在其中。如："INC A"，该指令的编码为：0000 0100B，其十六进制表示为 04H，累加器 A 隐含在操作码中。指令的功能是累加器 A 的内容加 1。注意：在指令中用"A"表示累加器，而用"ACC"表示累加器对应的地址——E0H。

(2) 8 位编码含有操作码和寄存器编码

字节位号	7	6	5	4	3	2	1	0
字节	操作码					寄存器编码		

这种指令的高 5 位为操作码，低 3 位为存放操作数的寄存器编码。如："MOV A，R0"的编码为 1110 1000B，其十六进制表示为 E8H（低 3 位 000 为寄存器 R0 的编码）。指令功能是将当前工作寄存器 R0 中的数据传送到累加器 A 中。

2. 双字节指令

双字节指令包含两个字节，其中第一个字节为操作码，第二个字节为操作数或数据地址。

字节位号	7	6	5	4	3	2	1	0
字节 1	操作码							
字节 2	操作数或地址							

如："MOV A，#50H"的 2 个字节编码为 01110100B，01010000B。其十六进制表示为 74H，50H。指令功能是将立即数"50H"传送到累加器 A 中。

3. 三字节指令

三字节指令中，操作码占一个字节，操作数占两个字节，其中操作数既可以是数据，也可以是地址。

字节位号	7	6	5	4	3	2	1	0
字节 1	操作码							
字节 2	操作数或地址							
字节 3	操作数或地址							

如："MOV 60H，#40H"的 3 个字节编码为 01110101B，01100000B，01000000B。其十六进制表示为 75H，60H，40H。指令功能是将立即数"40H"传送到内部 RAM 的 60H 单元中。

3.2.2 符号指令格式

80C51 单片机指令系统的符号指令通常由标号、操作码、操作数及指令的注释几部分构成。一条完整的 51 单片机汇编语言指令格式如下：

标号：	操作码	操作数	；注释

4 个区段之间用分隔符分开，标号区段与操作码区段之间用冒号"："隔开，操作码与操作数之间用空格隔开，操作数与注释区段之间用"；"隔开。如果操作数区段中有两个以上的操作数，则在操作数之间用逗号"，"隔开。

- 标号用来指示指令第一个字节所存放的存储器单元地址，在指令的格式中可有可无，标号又成为符号地址，一般每个程序段的第一条指令或转移指令的目的指令前需有一个标号。

- 操作码，用指令助记符表示，是一条有效指令的必需部分，定义指令的操作功能。

- 操作数区段指出指令操作对象或存放数据的单元地址。不同的指令，操作数区段的格式不尽相同，操作数可以有一个、两个、三个或者没有操作数，多个操作数之间用"，"隔开。

- 注释对指令进行说明，在一条指令中可有可无。注释的目的在于便于编程时阅读理解。

在 80C51 指令系统中，多数指令为两操作数指令，当指令操作数隐含在操作助记符中时，在形式上这种指令无操作数。另有一些指令为单操作数指令或三操作数指令。指令的一般格式中使用了可选择符号"[ ]"，包含的内容因指令的不同可以有或无。

在两个操作数的指令中，通常目的操作数写在左边，源操作数写在右边。如指令"MOV A，#20H"的功能是将立即数"20H"移至累加器 A 中，等同于将立即数 20H 写入累加器 A。MOV 为"数据传送"操作的助记符，立即数"20H"为源操作数，写在右边，累加器 A 为目的操作数。

3.2.3　符号指令及其注解中常用符号的含义

符号指令及其注解中常用的一些符号含义如表 3 – 1 所示。

表 3 – 1　特殊符号及其含义

符　号	含　　义
Rn(n = 0 ~ 7)	工作寄存器组中的寄存器 R0 ~ R7 之一
Ri(i = 0，1)	通用寄存器组中可作为地址指针寄存器的 R0 和 R1
Direct	片内低 128 个 RAM 单元地址及 SFR 地址(可用符号名称表示)
#data	8 位立即数
#data16	16 位立即数
Addr11	11 位目的地址，只限于在 ACALL 和 AJMP 指令中使用
Addr16	16 位目的地址，只限于在 LCALL 和 LJMP 指令中使用
rel	补码形式表示的 8 位地址偏移量，其值在 – 128 ~ + 127 范围内
DPTR	16 位数据指针
@	间址寄存器或基址寄存器的前缀标志
Bit	片内 RAM 位地址、SFR 的位地址(可用符号名称表示)
A	累加器
B	寄存器
C	进位标志位，它是布尔处理机的累加器，也称位累加器
/	位操作数的取反操作前缀标志
(X)	表示 X 指定的地址单元或寄存器中的内容
((X))	由 X 间接寻址的单元中的内容
←	将箭头右边的内容送入箭头左边的单元中

3.3　80C51 的寻址方式

3.3.1　80C51 的寻址方式

寻址方式就是寻找操作数或指令地址的方式。寻址方式包含两方面的内容：一是操作数的寻址；二是指令地址的寻址(如转移指令、调用指令)。因此，寻址的实质就是如何确定操作数或指令单元的地址问题。

对于两操作数指令，源操作数有寻址方式，目的操作数也有寻址方式。若不特别声明，后面提到的寻址方式均指源操作数的寻址方式。80C51 单片机共有 7 种寻址方式，分别为：寄存器寻址、直接寻址、寄存器间接寻址、立即寻址、变址寻址、相对寻址和位寻址。这些寻址方式所对应的寄存器和存储器空间，即寻址空间如表 3 - 2 所示。

表 3 - 2　寻址方式及其寻址范围

序号	寻址方式	寻址范围
1	立即寻址	ROM
2	直接寻址	片内 RAM 低 128B、SFR
3	寄存器寻址	寄存器 R0 ~ R7、A、B、DPTR 和 C
4	寄存器间接寻址	片内 RAM(@ R0, @ R1, SP)；片外 RAM(@ R0, @ R1, @ DPTR)
5	变址寻址	ROM(@ A + DPTR, @ A + PC)
6	相对寻址	ROM(PC 当前值的 - 128 ~ + 127)
7	位寻址	可寻址位(内部 RAM20H ~ 2FH 单元的位和部分 SFR 的位)

注：前 4 种寻址方式完成的是操作数的寻址，属于基本寻址方式。变址寻址实际上是间接寻址的推广，位寻址的实质是直接寻址，相对寻址是指令地址的寻址。

3.3.2　立即寻址

在立即寻址中，操作数在指令中直接给出，给出的操作数通常亦被称为立即数。立即数之前通常加"#"表示，以区分直接寻址中的寻址地址，立即数可以是 1 个字节，也可以是 2 个字节。立即数以指令字节形式存放在程序存储器内，可以立即得以执行，不需要另去寄存器或存储器等处寻址。

立即寻址所对应的寻址空间为 ROM 空间。

例如：MOV A, #40H

指令中 40H 为立即数。该指令的功能是把 8 位立即数 40H 送到累加器 A 中。该指令对应的机器码为 74H 40H。

指令系统中还有一条立即数为 16 位双字节的数据传送指令"MOV DPTR, #data16"。其功能是把 16 位数据送到 DPTR 数据指针寄存器的高低字节中。

3.3.3 直接寻址

指令中直接给出操作数所在的存储器地址,以供取数或存数的寻址方式称为直接寻址。在直接寻址的指令中,操作数部分为操作数的地址。

采用直接寻址的存储空间为:

• 片内 RAM 低 128B(00H ~ 7FH),片内高 128B(对增强型芯片)需采用寄存器间接寻址方式。

• SFR 特殊功能寄存器(52 子系列的片内 RAM 有 256 个单元,其高 128 个单元与 SFR 的地址是重叠的,SFR 只能用直接寻址方式进行访问,直接寻址可用字节地址,也可用特殊寄存器名,如"MOV A,P1" = "MOV A,90H",这里的 90H 是 P1 接口的地址。片内 RAM 的高 128 个单元(80H ~ FFH),若要访问这些单元只能用寄存器间接寻址指令)。

• 位地址空间(20H ~ 2FH 地址单元)。

例如:MOV A,40H

指令中的源操作数就是直接寻址,40H 为操作数的地址,该地址为片内 RAM 区。该指令的功能是把片内 RAM 地址为 40H 单元的内容送到累加器 A 中。指令机器码为 E5H 40H。

3.3.4 寄存器寻址

在指令给定的寄存器中存放或读取操作数,以完成指令规定的操作,称为寄存器寻址。采用寄存器寻址的指令都是一字节的指令,指令中寄存器用符号名称表示。该寻址方式的优点是可以获得较高的传送和运行速度。在寄存器寻址方式中,采用寄存器寻址的寄存器有:

• 通用寄存器 R0 ~ R7。

• 累加器 A:使用符号 ACC 表示累加器时属于直接寻址。

• 寄存器 B:以 AB 寄存器对的形式出现。

• 数据指针寄存器 DPTR。

例如:若(R0) = 40H,指令"MOV A,R0"执行后,(A) = 40H。

3.3.5 寄存器间接寻址

由指令指出某一寄存器的内容作为操作数地址的寻址方法,称为寄存器间接寻址。寄存器中的内容不是操作数本身,而是操作数的地址,到该地址单元中才能得到操作数。寄存器起到地址指针的作用。指令中的操作数需以寄存器符号的形式表示。为了区分寄存器寻址和寄存器间接寻址,在寄存器间接寻址方式中,应在寄存器的名称前面加前缀标号"@"。

寄存器间接寻址对应的空间为:

• 内部 RAM 低 128 单元。对内部 RAM 低 128 单元的间接寻址,应使用 R0 或 R1 作间址寄存器,其通用形式为@ Ri(i = 0 或 1)。

• 外部 RAM 64KB。对外部 RAM 64KB 的间接寻址,应使用@ DPTR 作间址寻址寄存器,其形式为@ DPTR。

寄存器间接寻址的存储空间为片内 RAM 或片外 RAM。片内 RAM 的数据传送采用 "MOV"类指令,间接寻址寄存器采用 R0 或 R1(堆栈操作时采用 SP)。片外 RAM 的数据传送采用"MOVX"类指令,这时间接寻址寄存器有两种选择:一是采用 R0 或 R1 作间接寄存器,提供低 8 位地址(外部 RAM 多于 256B 采用页面方式访问时,可由 P2 口未使用的 I/ O 引脚提供高位地址);二是采用 DPTR 作为间接寻址寄存器,提供 16 位地址。采用 "MOVX"类操作片外 RAM 的数据传送指令为:"MOVX A,@R0"或"MOVX A,@DPTR"。

堆栈操作指令(PUSH 和 POP)也应算作是寄存器间接寻址,即以堆栈指针 SP 作间址寄存器的间接寻址方式。

例如:(R0)=40H,(40H)=30H,指令"MOV A,@R0"执行后,(A)=30H。

3.3.6 变址寻址

80C51 的变址寻址就是以 DPTR 或 PC 作基址寄存器,以累加器 A 作变址寄存器存放地址偏移量,并以两者内容之和形成的 16 位地址作为程序存储器地址。变址寻址方式用于对程序存储器中的数据进行寻址。由于程序存储器是只读存储器,所以变址寻址操作只有读操作而无写操作,也就是说变址寻址这种方式只能对程序存储器进行寻址,或者说它是专门针对程序存储器的寻址方式。

变址寻址对应的寻址空间为:ROM 空间(采用@A + DPTR,@A + PC)。其指令只有三条:

MOVC A,@A + DPTR

MOVC A,@A + PC

JMP @A + DPTR

前两条是程序存储器读指令,功能是将累加器 A 的内容与 DPTR 或 PC 的内容相加得到操作数地址,把该地址中的数据送到 A 中。后一条是无条件转移指令,这条指令的功能就是 DPTR 加上累加器 A 的内容作为一个 16 位的地址,执行 JMP 这条指令后,程序就转移到 A + DPTR 指定的地址去执行。

例如:若指令执行前(A)=54H,DPTR = 3F21H,指令"MOVC A,@A + DPTR"执行时,先将 A 和 DPTR 中的 54H、3F21H 两个内容相加,得到 3F75H,如果 ROM 中 3F75H 单元中的内容是 7FH,则执行这条指令后,将 7FH 取出送到累加器 A 中,(A)=7FH,原累加器 A 中的内容 54H 被刷新冲掉。

3.3.7 相对寻址

相对寻址是将程序计数器 PC 中的当前值(当前 PC 值是指相对转移指令的存储地址加上该指令的字节数)与指令第二字节所给出的偏移量相加,其和为跳转指令的转移地址。相对寻址方式是为了相对转移指令实现程序的相对转移而设计的。在相对寻址的转移指令中,给出了地址偏移量 rel(偏移量 rel 是有符号的单字节数,以补码表示,其值的范围是 −128 ~ +127,负数表示从当前地址向前转移,正数表示从当前地址向后转移),将 PC 的当前值加上偏移量就得到了程序转移的目标地址。因此转移的目的地址可用如下公式表示:

目的地址 = 转移指令所在地址 + 转移指令字节数 + rel

　　这种寻址方式的操作是修改 PC 的值,所以主要用于实现程序的分支转移。在 80C51 指令系统中,有多条相对转移指令,其中多数为两字节指令,少数为三字节指令。

　　偏移量 rel 给出了相对于 PC 当前值的跳转范围,其值是一个带符号的 8 位二进制补码,取值范围是 $-128 \sim +127$,以补码形式置于操作码之后存放。因此相对转移是以转移指令所在地址为基点,向前最大可转移(127 + 转移指令字节数)个单元地址,向后最大可转移(128 + 转移指令字节数)个单元地址。

　　例如:执行指令"JC rel",若程序存储器的 1000H 和 1001H 单元存放的内容分别为 40H 和 75H,且(CY) = 1。"40H"为指令"JC rel"的操作码,偏移量 rel = 75H。CPU 取出该双字节指令后,PC 的当前值已是 1002H。所以,程序将跳转向(PC) + 75H 单元,即目标地址为 1077H 单元。而 1000H 单元可以称为指令"JC rel"的源地址。

3.3.8　位寻址

　　位寻址是在位操作指令中直接给出位操作数的地址,对位地址中的内容进行操作的寻址方式称为位寻址。采用位寻址指令的操作数是 8 位二进制数中的某一位,指令中给出的是位地址。位寻址方式属于位的直接寻址。

　　位寻址所对应的空间为:
- 片内 RAM 的 20H ~ 2FH,共有 16 个单元中的 128 个可寻址位。
- 专用寄存器的可寻址位。(习惯上,专用寄存器的寻址位常用符号位地址表示。)

　　例如:CLR ACC.5
　　　　　ANL C, 30H

　　第一条指令的功能是将累加器 ACC 的第 5 位清"0";第二条指令的功能是将位累加器 C 的状态和位地址为 30H 的位状态进行逻辑"与"操作,并把结果保存在 C 中。

3.4　80C51 指令系统

3.4.1　数据传送类指令(29 条)

　　数据传送是进行数据处理的最基本操作,一般操作是把源操作数送到指令所指定的目标地址中,该操作属于复制性质,而不是搬家性质,这类操作指令一般不影响标志寄存器 PSW 的状态。数据传送是一种最基本、最主要的操作,它在编程中是使用最频繁的一类指令,在 80C51 中该类指令占有较大的比重。

　　传送类指令可以分成两大类:一类是一般传送指令,采用 MOV 操作符;另一类是特殊传送指令,采用非 MOV 操作符。如 MOVC、MOVX、PUSH、POP、XCH 及 XCHD。

　　1. 一般传送指令

　　一般传送类指令的助记符为"MOV"(Move 的缩写),通用格式为:

　　MOV <目的操作数>, <源操作数>

　　指令完成的任务是将源操作数内容拷贝到目的操作数中,而源操作数的内容不变。传送指令中有从右向左传送的约定,即指令的右边操作数为源操作数,表达的是数据的来

源。而指令的左边操作数为目的操作数，表达的则是数据的去向。源操作数可以是累加器
A、通用寄存器 Rn、直接地址 direct、间址寄存器和立即数。而目的操作数可以是累加器
A、通用寄存器 B、直接地址 direct 和间址寄存器。两者只差一个立即数（不能作目的操作
数）。

一般传送指令如表 3-3 所示。

表 3-3　一般传送指令一览表

编号	指令分类	指令格式	指令功能	字节数	机器周期
1	以 A 为目的操作数	MOV A, Rn	寄存器送累加器	1	1
2		MOV A, direct	直接寻址单元送累加器	2	1
3		MOV A, @Ri	内部 RAM 单元送累加器	1	1
4		MOV A, #data	立即数送累加器	2	1
5	以 Rn 为目的操作数	MOV Rn, A	累加器送寄存器	1	1
6		MOV Rn, Direct	直接寻址单元送寄存器	2	2
7		MOV Rn, #data	立即数送寄存器	2	1
8	以 Direct 为目的操作数	MOV direct, A	累加器送直接寻址单元	2	1
9		MOV direct, Rn	寄存器送直接寻址单元	2	2
10		MOV direct, direct	直接寻址单元送直接寻址单元	3	2
11		MOV direct, @Ri	内部 RAM 单元送直接寻址单元	2	2
12		MOV direct, #data	立即数送直接寻址单元	2	2
13	以 @Ri 为目的操作数	MOV @Ri, A	累加器送内部 RAM 单元	1	1
14		MOV @Ri, direct	直接寻址单元送内部 RAM 单元	2	2
15		MOV @Ri, #data	立即数送内部 RAM 单元	2	1
16	16 位传送	MOV DPTR, #data16	16 位立即数送数据指针	3	2

（1）以累加器 A 为目的操作数的数据传送指令

MOV A, Rn

MOV A, direct

MOV A, @Ri

MOV A, #data

该组指令的功能是将源操作数所指定的内容送到累加器 A 中。源操作数为 Rn、direct、@Ri、#data 分别对应 4 种寻址方式：寄存器寻址、直接寻址、寄存器间接寻址和立即寻址。

例如：若（R0）=40H，（40H）=FFH。指令"MOV A, @R0"执行后（A）=FFH。

（2）以 Rn 为目的操作数的数据传送指令

MOV Rn, A

MOV Rn, direct

MOV Rn, #data

该组指令的功能是将源操作数所指定的内容送到寄存器 Rn 中。源操作数为 A、direct、#data 分别对应 3 种寻址方式：寄存器寻址、直接寻址和立即寻址。由于目的操作数为工作寄存器，则源操作数不能是工作寄存器及寄存器间接方式寻址。

例如：若(40H) = FFH，指令"MOV R1, 40H"执行后，(R1) = FFH。

(3)以 direct 为目的操作数的数据传送指令

MOV direct, A

MOV direct, Rn

MOV direct, direct

MOV direct, @ Ri

MOV direct, #data

该组指令的功能是将源操作数所指定的内容送入 direct 单元，作为 direct 单元中的内容。源操作数有 4 种寻址方式：寄存器寻址、直接寻址、寄存器间接寻址和立即寻址。

例如：若(40H) = 20H，(30H) = 40H，指令"MOV 40H, 30H"执行后，(40H) = 40H。

(4)以@ Ri 为目的操作数的数据传送指令

MOV @ Ri, A

MOV @ Ri, direct

MOV @ Ri, #data

该组指令的功能是将源操作数所指定的内容送入以 Ri 内容为地址的单元中。源操作数的寻址方式有 3 种：寄存器寻址、直接寻址和立即寻址。因为目的操作数采用寄存器间接寻址，则源操作数不能是寄存器及寄存器间接方式寻址。

例如：若(R0) = 40H，(A) = 30H，指令"MOV @ R0, A"执行后，(40H) = 30H。

(5)16 位数据传送指令

MOV DPTR, #data16

该指令的功能是将 16 位源操作数 data16(通常是地址常数)送入目的操作数 DPTR 中，高 8 位送入 DPH 寄存器，低 8 位送入 DPL 寄存器。源操作数的寻址方式为立即寻址。

例如：指令"MOV DPTR, #1234H"执行后，(DPTR) = 1234H。即(DPH) = 12H，(DPL) = 34H。

2. 特殊传送指令

特殊传送指令可分为 ROM 查表、外部 RAM 读写、堆栈操作和交换指令，特殊传送指令如表 3 - 4 所示。

(1)程序存储器 ROM 查表指令

访问程序存储器的数据传送指令又称作查表指令，采用基址寄存器加变址寄存器间接寻址方式，把程序存储器中存放的表格数据读出，传送到累加器 A。指令系统中有 2 条极为有用的查表指令。

ROM 中一般存放两方面的内容：一是单片机执行的程序代码；二是一些固定不变的常数(如表格数据、字段代码)。访问 ROM 实际上指的是读 ROM 中的常数。在 80C51 中，读 ROM 中的常数采用变址寻址，并需经过累加器完成。指令操作码助记符为：MOVC(MoveCode)

MOVC A, @ A + PC

MOVC A, @ A + DPTR

表 3 - 4　特殊传送指令一览表

编号	指令分类	指令格式	功能说明	字节数	机器周期
17	ROM 查表	MOVC A, @ A + DPTR	查表数据送累加器	1	2
18		MOVC A, @ A + PC	查表数据送累加器	1	2
19	读片外 RAM	MOVX A, @ DPTR	外部 RAM 送累加器	1	2
20		MOVX A, @ Ri	外部 RAM 送累加器	1	2
21	写片外 RAM	MOVX @ DPTR, A	累加器送外部 RAM	1	2
22		MOVX @ Ri, A	累加器送外部 RAM	1	2
23	堆栈操作	PUSH direct	进栈操作	2	2
24		POP direct	出栈操作	2	2
25	字节交换	XCH A, Rn	累加器与寄存器交换	1	1
26		XCH A, direct	累加器与直接寻址单元交换	1	2
27		XCH A, @ Ri	累加器与内部 RAM 单元交换	1	1
28	半字节交换	XCHD A, @ Ri	累加器与内部 RAM 单元低 4 位交换	1	1
29	自交换	SWAP A	累加器高低 4 位变换	1	1

前一条指令以 PC 作为基址寄存器,CPU 取完该指令操作码时 PC 会自动加 1,指向下一条指令的第一个字节地址,即此时是用(PC) + 1 作为基址的。另外,由于累加器 A 中的内容为 8 位无符号数,这就使得本指令查表范围只能在 256 个字节范围内(即(PC) + 1H ~ (PC) + 100H),使表格地址空间分配受到限制。同时编程时还需要进行偏移量的计算,即 MOVC A, @ A + PC 指令所在地址与表格存放首地址间的距离字节数的计算,并需要一条加法指令进行地址调整。偏移量计算公式为:

偏移量 = 表首地址 - (MOVC 指令所在地址 + 1)

后一条指令采用 DPTR 作基址寄存器,因此可以很方便地把一个 16 位地址送到 DPTR,实现在整个 64 KB 程序存储器单元到累加器 A 的数据传送。即数据表格可以存放在程序存储器 64 KB 地址范围内的任何地方。

第一条指令的优点是不改变特殊功能寄存器和 PC 的状态,只是根据 A 的内容就可以取出表格中的常数。缺点是表格只能放在该条查表指令后面的 256 个单元中(由 A 的内容决定),表格的大小受到限制,而且表格只能被一段程序所利用。

第二条指令的执行结果只与指针 DPTR 及累加器 A 的内容有关,与该指令存放的地址无关。因此,表格的大小和位置可以在 64KB 程序存储器中任意安排(因 DPTR 能提供 16 位地址),并且一个表格可以为各个程序块公用。

例如:从片外程序存储器 2000H 单元开始存放 0 ~ 9 的平方值,以 PC 作为基址寄存器进行查表得 9 的平方值。

MOVC 指令所在地址(PC) = 1FF0H,则偏移量 = 2000H – (1FF0H + 1) = 0FH。执行如下指令程序:

```
MOV   A, #09H                ; (A)←09H
ADD   A, #0FH               ; 用加法指令进行地址调整
MOVC A, @ A + PC           ; (A)←((A) + (PC) + 1)
```

执行结果为:(PC) = 1FF1H,(A) = 51H。

如果用以 DPTR 为基址寄存器的查表指令,其程序如下:

```
MOV DPTR, 2000H             ; 置表首地址
MOV A, 09H
MOVC A, @ A + DPTR
```

(2)外部 RAM 数据传送指令

80C51 单片机 CPU 对片外扩展的数据存储器 RAM 或 I/O 口进行数据传送,必须采用寄存器间接寻址的方法,通过累加器 A 来完成。访问片外 RAM 的操作分为读和写两大类,指令均采用 MOVX(Move External) 助记符和寄存器间接寻址。

①读片外 RAM 指令

MOVX A, @ DPTR

MOVX A, @ Ri

第一条指令以 16 位 DPTR 为间址寄存器读片外 RAM,该指令可以寻址整个 64KB 的片外 RAM 空间。指令执行时,在 DPH 中的高 8 位地址由 P2 口输出,DPL 中的低 8 位地址由 P0 口分时输出,并由 ALE 信号锁存在地址锁存器中。

第二条指令以 8 位的 R0 或 R1 为间址寄存器读片外 RAM,也可以读整个 64KB 的片外 RAM。指令执行时,低 8 位地址在 R0 或 R1 中,由 P0 口分时输出,多于 256B 的访问,高位地址由 P2 口提供。同样 ALE 信号将地址信息锁存在地址锁存器中。

读片外 RAM 的 MOVX 操作时,P3.7 脚输出的 RD 信号选通片外 RAM 单元,相应单元的数据从 P0 口读入累加器 A 中。

例如:若(DPTR) = 1000H,(1000H) = 60H,执行"MOVX A, @ DPTR"指令后,A = 60H。

②写片外 RAM 指令

MOVX @ DPTR, A

MOVX @ Ri, A

以上两条指令的执行与读片外 RAM 指令类似,只是数据传送相反,P3.6 脚的 WR 信号有效,累加器 A 的内容从 P0 口输出并写入选通的相应片外 RAM 单元。

对外部 RAM 数据传送指令作如下说明:

● 80C51 指令系统中没有专用的存储器读写指令,实际上外部数据存储器数据传送指令就是外部 RAM 的读写指令。

● 外部 RAM 数据传送指令与内部 RAM 数据传送指令相比,在指令助记符中增加了"X","X"表示外部之意。

● 外部 RAM 的数据传送指令,只能通过累加器 A 进行。

注：当片外扩展的 I/O 口映射为片外 RAM 地址时，也要利用这 4 条指令进行数据的输入/输出。

例如：外部 RAM(0203H) = FFH，执行以下指令。

```
MOV  DPTR, #0203H      ；(DPTR)←0203H
MOVX A, @DPTR          ；(A)←((DPTR))
MOV  30H, A            ；(30H)←(A)
MOV  A, #0FH           ；(A)←0FH
MOVX @DPTR, A          ；((DPTR))←(A)
```

执行结果为：(DPTR) = 0203H，(30H) = FFH，(0203H) = (A) = 0FH。

（3）数据交换指令

数据交换指令作双向传送，涉及传送的双方互为源地址、目的地址，指令执行后每方的操作数都修改为另一方的操作数。交换指令与传送指令的不同在于其双向性，传送指令是单向的由"源操作数"到"目的操作数"的拷贝。交换指令有整字节交换指令 3 条和单字节交换指令 2 条。

指令助记符为 XCH(Exchange)、XCHD(Exchange low - order Digit)和 SWAP。

①字节交换指令

```
XCH A, Rn
XCH A, direct
XCH A, @Ri
```

该组指令的功能是：字节数据交换，实现 3 种寻址操作数内容与 A 的内容进行互换。

例如：若(A) = 40H，(R1) = 30H，指令"XCH A, R1"执行后，(A) = 30H，(R1) = 40H。

②半字节交换指令

```
XCHD A, @Ri
SWAP A
```

XCHD 指令的功能是间址操作数的低半字节与 A 的低半字节内容互换。SWAP 指令的功能是累加器的高低 4 位互换。

例如：若(R0) = 40H，(40H) = 45H，(A) = 20H。执行指令"XCHD A, @R0"后，(A) = 25H，(40H) = 40H。

若(A) = 45H，执行指令"SWAP A"后，(A) = 54H。

注：为了方便，SWAP 指令放在此处讲解，但它也可属于逻辑运算和移位类指令。

（4）堆栈操作指令

堆栈操作有进栈和出栈，即压入和弹出数据，常用于保存或恢复现场。进栈指令用于保存片内 RAM 单元(低 128 字节)或特殊功能寄存器 SFR 的内容；出栈指令用于恢复片内 RAM 单元(低 128 字节)或特殊功能寄存器 SFR 的内容。

堆栈是在内部 RAM 中按"后进先出"的规则组织的一片存储区。此区的一段固定，称为栈底。另一段是活动的，称为栈顶。栈顶的位置(地址)由堆栈指针 SP 指示(SP 的内容是栈顶的地址)。在 80C51 中，堆栈的生长方向是向上的(地址增大)。入栈操作时，先将 SP 的内容加 1，然后将指令指定的直接地址单元的内容存入 SP 指向的单元。出栈操作时，先将 SP 指向的单元内容传送到指令指定的直接地址单元,然后 SP 的内容减 l。系统复位时,SP 的内容为 07H。用户应在系统初始化时对 SP 重新设置。SP 的值越小,堆栈的深度就越深。

堆栈操作有进栈和出栈两种,因此相应有两条指令:

①进栈指令

PUSH direct

其功能是:先将堆栈指针 SP 的内容加 1,然后将直接地址指出的操作数送入 SP 所指的单元。

②出栈指令

POP direct

其功能是:栈顶指示的单元内容送直接地址单元,然后再将堆栈指针 SP 的内容减 1。

例如:若在外部程序存储器中 2000H 单元开始依次存放 0 ~ 9 的平方值,数据指针(DPTR)=3A00H,用查表指令取得 2003H 单元的数据后,要求保持 DPTR 中的内容不变。完成上述功能的程序如下:

```
MOV   A, #03H            ; (A)←03H
PUSH   DPH               ; 保护 DPTR 高 8 位入栈
PUSH   DPL               ; 保护 DPTR 低 8 位入栈
MOV   DPTR, #2000H       ; (DPTR)←2000H
MOVC  A, @ A + DPTR      ; (A)←(2000H + 03H)
POP   DPL                ; 弹出 DPTR 低 8 位
POP   DPH                ; 弹出 DPTR 高 8 位
```

执行结果:(A)=09H,(DPTR)=3A00H。

堆栈操作实际上是通过堆栈指示器 SP 进行的读写操作,是以 SP 为寄存器间接寻址方式。但因为 SP 是唯一的,则在指令中把通过 SP 的间接寻址的操作项隐含了,只表示出直接寻址的操作数项。

3.4.2 算术运算类指令(24 条)

算术运算指令可以完成加、减、乘、除及加 1 和减 1 等运算。这类指令多数以累加器 A 为源操作数之一,同时又使 A 为目的操作数,如表 3 - 5 所示。

进位(借位)标志 CY 为无符号整数的多字节加法、减法、移位等操作提供了方便。使用软件监视溢出标志可方便地控制补码运算。辅助进位标志用于 BCD 码运算。算术运算操作将影响程序状态寄存器 PSW 中的溢出标志 OV、进位(借位)标志 CY、辅助进位(辅助借位)标志 AC 和奇偶标志位 P 等,其具体影响关系如表 3 - 6 所示。

1. 加法

(1)不带进位加法指令

ADD A, Rn

ADD A, direct

ADD A, @ Ri

ADD A, #data

表 3－5　算术运算类指令一览表

编号	指令分类	指令格式	功能说明	字节数	机器周期
30	不带进位加法	ADD A, Rn	累加器加寄存器	1	1
31		ADD A, direct	累加器加直接寻址单元	2	1
32		ADD A, @ Ri	累加器加内部 RAM 单元	1	1
33		ADD A, #data	累加器加立即数	2	1
34	带进位加法	ADDC A, Rn	累加器加寄存器和进位标志	1	1
35		ADDC A, direct	累加器加直接寻址单元和进位标志	2	1
36		ADDC A, @ Ri	累加器加内部 RAM 单元和进位标志	1	1
37		ADDC A, #data	累加器加立即数和进位标志	2	1
38	加 1	INC A	累加器加 1	1	1
39		INC Rn	寄存器加 1	1	1
40		INC direct	直接寻址单元加 1	2	1
41		INC @ Ri	内部 RAM 单元加 1	1	1
42		INC DPTR	16 位数据指针加 1	1	2
43	十进制调整	DA A	十进制调整	1	1
44	带借位减法	SUBB A, Rn	累加器减寄存器和借位标志	1	1
45		SUBB A, direct	累加器减直接寻址单元和借位标志	2	1
46		SUBB A, @ Ri	累加器减内部 RAM 单元和借位标志	1	1
47		SUBB A, #data	累加器减立即数和借位标志	2	1
48	减 1	DEC A	累加器减 1	1	1
49		DEC Rn	寄存器减 1	1	1
50		DEC direct	直接寻址单元减 1	2	1
51		DEC @ Ri	内部 RAM 单元减 1	1	1
52	乘法	MUL AB	累加器乘寄存器 B	1	4
53	除法	DIV AB	累加器除以寄存器 B	1	4

表 3－6　算术运算指令与标志位关系

标志 ＼ 指令	ADD	ADDC	SUBB	DA	MUL	DIV
CY	√	√	√	√	0	0
AC	√	√	√	√	×	×
OV	√	√	√	×	√	√
P	√	√	√	√	√	√

注：符号"√"表示相应的指令操作影响该对应的标志位，符号"0"表示相应的指令操作对该对应的标志位清 0。符号"×"表示相应的指令操作不影响该对应的标志位。另"INC A"和"DEC A"指令影响标志。

该组指令的功能是：将源操作数和目的操作数(累加器 A)的内容相加,然后将相加的结果送入 A 中。8 位二进制加法运算指令的一个加数(目的操作数)总是累加器 A,而另一个加数可由不同寻址方式得到。加法运算影响 PSW 中的 CY、AC、OV 和 P 的情况如下:

- 进位标志 CY:和的 D7 位有进位时,(CY)=1,否则,(CY)=0。
- 辅助进位标志 AC:和的 D3 位有进位时,(AC)=1,否则,(AC)=0。
- 溢出标志 OV:和的 D7、D6 位只有一个有进位时,(OV)=1,D7、D6 位同时有进位或同时无进位时,(OV)=0。溢出表示运算的结果超出了数值所允许的范围。如两个正数相加结果为负数或两个负数相加结果为正数时均属于溢出,此时(OV)=1。
- 奇偶标志 P:累加器 ACC 中"1"的个数为奇数时,(P)=1;为偶数时,(P)=0。

(2)带进位加法指令

ADDC A, Rn

ADDC A, direct

ADDC A, @ Ri

ADDC A, #data

该组指令的功能是:将源操作数和目的操作数(累加器 A)的内容相加,再与进位标志 CY 的值相加,将最后相加的结果送入 A 中。这里所加的进位 CY 的值是在指令执行之前存在的进位标志的值,而不是执行该指令过程中产生的进位。若这组指令执行前(CY)=0,则执行结果与不带进位加法指令 ADD 相同。但在多字节加法运算中,执行指令过程中低位产生的进位要向高位进位。最低字节相加用 ADD 指令(或用 ADDC,但应先将 CY 清0),其余高字节相加均用 ADDC 指令。

例如:三字节无符号数相加,被加数放在内部 RAM 20H～22H(低位在前),加数放在内部 RAM 2AH～2CH(低位在前),相加结果放在被加数单元中。可编写如下程序完成:

```
MOV R0, #20H          ;被加数首地址
MOV R1, #2AH          ;加数首地址
MOV R7, #03H          ;相加字节数
CLR C                 ;CY 清 0
LOOP: MOV A, @ R0     ;取一个字节被加数
ADDC A, @ R1          ;取一个字节加数相加
MOV @ R0, A           ;送结果
INC R0                ;地址增量
INC R1;
DJNZ R7, LOOP         ;判断是否加完
CLR A;
ADDC A, #00H          ;处理最高进位
MOV @ R0, A           ;保存进位
```

(3)加 1 指令

INC A

INC Rn

INC direct

INC @ Ri

INC DPTR

该组指令的功能是：把源操作数的内容加1，将结果送回原单元。这些指令中只有"INC A"影响 P 标志，其余指令不影响标志位的状态。

（4）十进制调整指令

十进制调整指令是一条专用指令，两个压缩 BCD 码按二进制相加，必须在加法指令 ADD、ADDC 后，经过本指令调整后才能得到正确的压缩 BCD 码和数，实现十进制的加法运算，其格式为：

DA A ；调整 A 的内容为正确的 BCD 码

该指令的功能是：对累加器 A 中刚进行的两个 BCD 码的加法的结果进行十进制调整。调整要完成的任务是：

- 当累加器 A 中的低 4 位数出现了非 BCD 码(1010~1111)或低 4 位产生进位(AC = 1)时，则应在低 4 位作加 6 调整，以产生低 4 位正确的 BCD 结果。
- 当累加器 A 中的高 4 位数出现了非 BCD 码(1010~1111)或高 4 位产生进位(CY = 1)时，则应在高 4 位作加 6 调整，以产生高 4 位正确的 BCD 结果。

十进制调整指令执行后，PSW 中的 CY 表示结果的百位值。

例如：若(A) = 0101 0110B，表示的 BCD 码为(56)$_{BCD}$，(R2) = 0110 0111B，表示的 BCD 码为(67)$_{BCD}$，(CY) = 0。执行以下指令：

```
ADD A,R2           (A)：    0101 0110
                 + (R2)：   0110 0111
                           ───────────
                            1011 1101
DA A               调整：    0110 0110
                           ───────────
                   结果：  1 0010 0011
```

执行后(A) = 00100011B。即(23)$_{BCD}$且(CY) = 1，故结果为 BCD 码 123。

注意：DA 指令不能对减法进行十进制调整。当需要进行减法运算时，可以采用十进制补码相加，然后用 DA 指令进行调整。

2. 减法

（1）带借位减法指令

SUBB A, Rn

SUBB A, direct

SUBB A, @Ri

SUBB A, #data

该组指令的功能是：将目的操作数(累加器 A)的内容减去源操作数的内容，再与借位标志 CY 的值相减，将最后的差送入 A 中。减法运算只有带借位减法指令，而没有不带借位的减法指令。若要进行不带借位的减法运算，只需用"CLR C"指令先把借位标志位 CY 清 0 即可。减法运算影响 PSW 中的 CY、AC、OV 和 P 的情况如下：

- 借位标志 CY：差的 D7 位需借位时，(CY) = 1，否则，(CY) = 0。
- 辅助借位标志 AC：差的 D3 位需借位时，(AC) = 1，否则，(AC) = 0。
- 溢出标志 OV：若 D6 位有借位而 D7 位无借位或 D7 位有借位而 D6 位无借位时，(OV) = 1。或者说：若两个不同符号数相减，得到的结果符号位与被减数符号位不同时，则表示有溢出，OV = 1。否则，无溢出，OV = 0。

● 奇偶标志 P：累加器 ACC 中"1"的个数为奇数时，(P) = 1，为偶数时，(P) = 0。

例如：若(A) = C9H，(R2) = 54H，(CY) = 1。执行指令"SUBB A, R2"。结果为(A) = 74H，(CY) = 0，(AC) = 1，(OV) = 1(D6 有借位，D7 无借位)，(P) = 0。

(2)减 1 指令

```
DEC A              ; A←(A)-1
DEC Rn             ; Rn←(Rn)-1
DEC direct         ; direct←(direct)-1
DEC @Ri            ; (Ri)←((Ri))-1
```

该组指令的功能是：把源操作数的内容减 1，将结果送回原单元。这些指令中只有"DEC A"影响 P 标志，其余指令不影响标志位的状态。此外还应注意，在 80C51 指令系统中，只有数据指针 DPTR 加 1 指令，而没有 DPTR 减 1 指令。

3. 乘除法指令

80C51 单片机中有乘除法指令各一条，它们都是一字节指令。乘除法指令是整个指令系统中执行时间最长(4 个机器周期)的指令。

(1)乘法指令

乘法指令格式如下：

```
MUL AB        ; 累加器 A 和寄存器 B 内容相乘
```

乘法指令的功能是把累加器 A 和寄存器 B 中的两个 8 位无符号数相乘，将乘积 16 位数中的低 8 位存放在 A 中，高 8 位存放在 B 中。乘法运算影响 PSW 的状态，若乘积大于 FFH(255)，则溢出标志 OV 置 1，否则 OV 清零。乘法指令执行后进位标志 CY 总是零，即 CY = 0。

例如：若(A) = 50H，(B) = A0H，执行指令"MUL AB"后，(A) = 00H，(B) = 32H，(OV) = 1，(CY) = 0。

(2)除法指令

除法指令格式如下：

```
DIV AB        ; 累加器 A 的内容除以寄存器 B 的内容
```

除法指令的功能是把累加器 A 中的 8 位无符号整数除以寄存器 B 中的 8 位无符号整数，所得商存于累加器 A 中，余数存于寄存器 B 中，除法运算影响 PSW 的状态，进位标志位 CY 和溢出标志位 OV 均被清零。若 B 中的内容为 0 时，溢出标志 OV 被置 1，即 OV = 1，而 CY 仍为 0。当除数为 0(即 B = 0)时，(OV) = 1，表明除法没有意义，无法进行。

3.4.3　逻辑运算与移位类指令(24 条)

逻辑运算指令可以完成与、或、异或、清 0 和取反操作，当以累加器 A 为目的操作数时，对 P 标志有影响。

循环指令是对累加器 A 的循环移位操作，包括左、右方向以及带与不带进位等移位。移位操作时，带进位的循环移位对 CY 和 P 标志有影响。累加器清 0 操作对 P 标志有影响。逻辑运算与移位类指令如表 3-7 所示。

表 3 - 7　逻辑运算与移位类指令

编号	指令分类	指令格式	指令功能	字节数	机器周期
54	逻辑与	ANL direct, A	直接寻址单元与累加器	2	1
55		ANL direct, #data	直接寻址单元与立即数	3	2
56		ANL A, Rn	累加器与寄存器	1	1
57		ANL A, direct	累加器与直接寻址单元	2	1
58		ANL A, @ Ri	累加器与内部 RAM 单元	1	1
59		ANL A, #data	累加器与立即数	2	1
60	逻辑或	ORL direct, A	直接寻址单元或累加器	2	1
61		ORL direct, #data	直接寻址单元或立即数	3	2
62		ORL A, Rn	累加器或寄存器	1	1
63		ORL A, direct	累加器或直接寻址单元	2	1
64		ORL A, @ Ri	累加器或内部 RAM 单元	1	1
65		ORL A, #data	累加器或立即数	2	1
66	逻辑异或	XRL direct, A	直接寻址单元异或累加器	2	1
67		XRL direct, #data	直接寻址单元异或立即数	3	2
68		XRL A, Rn	累加器异或寄存器	1	1
69		XRL A, direct	累加器异或直接寻址单元	2	1
70		XRL A, @ Ri	累加器异或内部 RAM 单元	1	1
71		XRL A, #data	累加器异或立即数	2	1
72	清 0 取反 移位	CLR A	累加器清 0	1	1
73		CPL A	累加器取反	1	1
74		RR A	累加器循环右移	1	1
75		RRC A	累加器带进位循环右移	1	1
76		RL A	累加器循环左移	1	1
77		RLC A	累加器带进位循环左移	1	1

1. 逻辑与运算指令

ANL A, Rn

ANL A, direct

ANL A, @ Ri

ANL A, #data

ANL direct, A

ANL direct, #data

逻辑运算是按位进行的, 逻辑与运算用符号"∧"表示。其中前 4 条指令的功能是: 将源操作数与累加器 A 的内容相与，得到的运算结果存放在 A 中；而后 2 条指令的功能是：将源操作数与直接地址指示的单元内容相与，得到的运算结果存放在直接地址指示的单元中。逻辑与运算主要用于将某操作数中的某一位清 0（该位与 0 逻辑与即可）。

例如：若（A）= C2H，（R0）= AAH，执行指令"ANL A，R0"。

$$
\begin{array}{r}
\text{C2H 1100 0010B} \\
\text{与} \quad \underline{\text{AAH 1010 1010B}} \\
\text{= 1000 0010B}
\end{array}
$$

执行后，（A）= 82H。

2. 逻辑或运算指令

ORL A，Rn

ORL A，direct

ORL A，@ Ri

ORL A，#data

ORL direct，A

ORL direct，#data

逻辑或运算用符号"∨"表示。其中前 4 条指令的功能是：将源操作数与累加器 A 的内容相或，得到的运算结果存放在 A 中；而后 2 条指令的功能是：将源操作数与直接地址指示的单元内容相或，得到的运算结果存放在直接地址指示的单元中。

逻辑"或"指令常用来使字节中某些位置"1"，其他位保持不变。则欲置位的位用"1"与该位相或，保留不变的位用"0"与该位相或。

例如：若（A）= C2H，（R0）= 54H，执行指令"ORL A，R0"。

$$
\begin{array}{r}
\text{C2H 1100 0010 B} \\
\text{或} \quad \underline{\text{54H 0101 0100 B}} \\
\text{= 1101 0110 B}
\end{array}
$$

执行后，（A）= D6H。

3. 逻辑异或运算指令

XRL A，Rn

XRL A，direct

XRL A，@ Ri

XRL A，#data

XRL direct，A

XRL direct，#data

逻辑异或运算用符号"⊕"表示。其中前 4 条指令的功能是：将源操作数与累加器 A 的内容异或，得到的运算结果存放在 A 中；而后 2 条指令的功能是：将源操作数与直接地址指示的单元内容异或，得到的运算结果存放在直接地址指示的单元中。

逻辑"异或"指令常用来使字节中某些位进行取反操作，其他位保持不变。欲某位取反则该位与"1"相异或；欲某位保留则该位与"0"相异或。还可利用异或指令对某单元自身异或，以实现清零操作。

例如：若(A)=C3H，(R0)=AAH，执行指令"XRL A，R0"。

$$
\begin{array}{r}
\text{C3H } 1100\ 0011\text{B} \\
\text{异或}\quad \text{AAH } 1010\ 1010\text{B} \\
\hline
=\quad\ \ 0110\ 1001\text{B}
\end{array}
$$

执行后，(A)=69H。

4. 累加器清"0"和取反指令

CLR A

CPL A

第一条指令的功能是：将累加器 A 的内容清"0"。第二条指令的功能是：将累加器 A 的内容按位取反。

5. 累加器循环移位指令

RL A

RR A

RLC A

RRC A

前 2 条指令无进(借)位标志 CY 的参与，后两条指令移位时，将末端移至 CY，再移至初端。左移从位 0 向位 7(即从低位到高位)方向移位，右移从位 7 向位 0(即从高位到低位)方向移位。

用移位指令还可以实现算术运算，左移一位相当于原内容乘以 2，右移一位相当于原内容除以 2，但这种运算关系只对某些数成立。

例如：若(A)=BDH=1011 1101B，(CY)=0。执行指令"RLC A"后，(CY)=1，(A)=0111 1010B=7AH，(CY)=1。即结果为：17AH(378)=2 * BDH(189)。

3.4.4　控制转移类指令(17 条)

通常情况下，程序的执行是顺序进行的，是由 PC 自动加 1 实现的。要改变程序的执行顺序，实现分支转移，应通过强迫改变 PC 值的方法来实现，这就是控制转移类指令的基本功能。80C51 的转移指令有无条件转移、条件转移及子程序调用与返回等，如表 3 - 8 所示。

1. 无条件转移指令

(1)长转移指令

LJMP addr16

LJMP 指令执行后，程序无条件地转向 16 位目标地址(addr16)处执行，不影响标志位。由于指令中提供 16 位目标地址，所以执行这条指令可以使程序从当前地址转移到 64 KB 程序存储器地址空间的任意地址，故得名为"长转移"。该指令的缺点是执行时间长，字节多。长转移指令是三字节指令。

例如：若标号"NEWADD"表示转移目标地址 8100H。执行"LJMP NEWADD"时，两字节的目标地址将装入 PC 中，使程序转到目标地址 8100H 处运行。

表 3 - 8　控制转移类指令一览表

编号	指令分类	指令格式	指令功能	字节数	机器周期
78	无条件转移	LJMP addr16	64KB 范围内长转移	3	2
79		AJMP addr11	2KB 范围内绝对转移	2	2
80		SJMP rel	相对短转移	2	2
81		JMP @ A + DPTR	相对长转移	1	2
82	条件转移	JZ rel	累加器为 0 转移	2	2
83		JNZ rel	累加器不为 0 转移	2	2
84		CJNE A, direct, rel	累加器与直接寻址单元不等转移	3	2
85		CJNE A, #data, rel	累加器与立即数不等转移	3	2
86		CJNE Rn, #data, rel	寄存器与立即数不等转移	3	2
87		CJNE @ Ri, #data, rel	内部 RAM 单元与立即数不等转移	3	2
88		DJNZ Rn, rel	寄存器减 1 不为 0 转移	2	2
89		DJNZ direct, rel	直接寻址单元减 1 不为 0 转移	3	2
90	调用	ACALL addr11	2KB 范围内绝对调用	2	2
91		LCALL addr16	64KB 范围内绝对调用	3	2
92	返回	RET	子程序返回	1	2
93	中断返回	RETI	中断返回	1	2
94	空操作	NOP	空操作	1	1

（2）短转移指令

AJMP addr11

AJMP 的机器码是由 11 位直接地址 addr11 和指令操作码 00001，按下列分布组成的：

a10 a9 a8　0 0 0 0 1　a7 a6 a5 a4 a3 a2 a1 a0

指令执行后，程序转移的目的地址是由 AJMP 指令所在位置的地址 PC 值加上该指令字节数 2（这时 PC 指向的是 AJMP 的下一条指令），构成当前 PC 值。取当前 PC 值的高 5 位与指令中提供的 11 位直接地址形成转移的目的地址，即

位数	16	15	14	13	12	11	10	9	8	7	6	5	4	3	2	1
(PC)组成	PC15	PC14	PC13	PC12	PC11	a10	a9	a8	a7	a6	a5	a4	a3	a2	a1	a0

由于 11 位地址的范围是 2 KB，而目的地址的高 5 位是 PC 当前值，所以程序可转移的位置只能是和 PC 当前值在同一 2 KB 范围内。本指令转移可以向前也可以向后，指令执行后不影响状态标志位。

例如：若 AJMP 指令地址（PC）= 2300H。执行指令" AJMP 0FFH "后，结果为：转移目的地址（PC）= 20FFH，程序向前转到 20FFH 单元开始执行。

又如：若 AJMP 指令地址（PC）=2FFFH。执行指令"AJMP 0FFH"后，结果为：转移目的地址（PC）=30FFH，程序向后转到 30FFH 单元开始执行。

（3）相对短转移指令

SJMP rel

这是一条双字节指令，其中第一字节为操作码，第二字节为相对偏移量 rel。指令的操作数 rel 用 8 位带符号数补码表示，因为 8 位补码的取值范围为 −128 ～ +127，负数表示反向转移，正数表示正向转移，所以该指令的转移范围是：相对 PC 当前值向前转 128 字节，向后转 127 字节。执行时先将 PC 的内容加 2，再加上相对地址时，就得到了转移目标地址。目的地址计算公式为：

目的地址 =（PC）+2 + rel

在用汇编语言编程时，rel 可以是一个转移目标地址的标号，由汇编程序在汇编过程中自动计算偏移地址，并填入指令代码中，在手工汇编时，可用转移目标地址减转移指令所在的源地址，再减转移指令字节数 2 得到偏移字节数 rel。

例如：如在 2100H 单元有 SJMP 指令，若 rel = 5AH（正数），则转移目的地址为 215CH（向后转）；若 rel = F0H（负数），则转移目的地址为 20F2H（向前转）。

（4）相对长转移指令

JMP @ A + DPTR

这是一条一字节转移指令，它是以数据指针 DPTR 的内容为基址，以累加器 A 的内容为相对偏移量，在 64KB 范围内无条件转移。该指令的特点是转移地址可以在程序运行中加以改变。例如，当 DPTR 为确定值，根据 A 的不同值就可以实现多分支的转移。该指令在执行后对标志位无影响，不会改变 DPTR 及 A 中原来的内容。

例如：有一段程序如下：

```
          MOV DPTR, #TABLE
          JMP @ A + DPTR
TABLE：AJMP ROUT0
          AJMP ROUT1
          AJMP ROUT2
          AJMP ROUT3
```

当（A）=00H 时，程序将转到 ROUT0 处执行，当（A）=02H 时，程序将转到 ROUT1 处执行，其余类推。

2. 条件转移指令

条件转移指令是当某种条件满足时，程序转移执行。条件不满足时，程序仍按原来顺序执行。转移的条件可以是上一条指令或更前一条指令的执行结果（常体现在标志位上），也可以是条件转移指令本身包含的某种运算结果。由于该类指令采用相对寻址，因此程序可在以当前 PC 值为中心的 −128 ～ +127 范围内转移。该类指令共有 8 条，可以分为累加器判零条件转移指令、比较条件转移指令和减 1 条件转移指令三类。

（1）累加器判 0 转移指令

JZ rel

JNZ rel

判零条件转移指令以累加器 A 的内容是否为 0 作为转移的条件。JZ 指令是为 0 转移，不为 0 则顺序执行。JNZ 指令是不为 0 转移，为 0 则顺序执行。累加器 A 的内容是否为 0，是由这条指令以前的其他指令执行的结果决定的，执行这条指令不作任何运算，也不影响标志位。

例如：若累加器 A 的原始内容为 00H，则：

JNZ L0　　　；由于 A 的内容为 00H，故程序往下执行

JNC A

JNZ L1　　　；由于 A 的内容已不为 00H，所以程序转向 L1 处执行

（2）数值比较不相等转移指令

CJNE A，#data，rel

CJNE A，direct，rel

CJNE Rn，#data，rel

CJNE @Ri，#data，rel

这组指令是三字节指令，其功能是：先对两个规定的操作数进行比较，根据比较的结果来决定是否转移。若两个操作数相等，则不转移，程序顺序执行；若两个操作数不等，则转移。比较是进行一次减法运算，但其差值不保存，两个数的原值不受影响，而标志位要受到影响。利用标志位 CY 作进一步的判断，可实现三分支转移。

转移的目的地址 = 当前（PC）值 +3 + rel；若目的操作数的内容大于源操作数的内容，则进位标志 CY 清 0；若目的操作数的内容小于源操作数的内容，则 CY 置 1；若目的操作数的内容等于源操作数的内容，程序将继续顺序向下执行。

例如：若（R7）=56H，执行"CJNE R7，#54H，$ +06H"指令后，程序将转到目标地址（为存放本条指令的地址再加 06H 处）执行。符号"$"常用来表示存放本条指令的地址。

（3）减 1 不为 0 条件转移指令

DJNZ Rn，rel

DJNZ direct，rel

减 1 条件转移指令有两条。每执行一次这种指令，就把第一操作数减 1，并把结果仍保存在第一操作数中，然后判断是否为零。若不为零，则转移到指定的地址单元，否则顺序执行。这组指令对于构成循环程序是十分有用的，可以指定任何一个工作寄存器或者内部 RAM 单元作为循环计数器。每循环一次，这种指令被执行一次，计数器就减 1。预定的循环次数不到，计数器不会为 0，转移执行循环操作；到达预定的循环次数，计数器就被减为 0，顺序执行下一条指令，也就结束了循环。

第一条指令是双字节指令，其功能是：先将寄存器 Rn 的内容减 1，若结果为 0，则程序顺序向下执行；若没有减到 0，则程序转移。

第二条指令是三字节指令，其功能是：先将 direct 单元内容减 1，若结果为 0，则程序顺序向下执行；若没有减到 0，则程序转移。

这两条指令主要用于循环程序设计中控制循环次数。所有的控制转移类指令在实际应用中，偏移量 rel 经常用符号表示。

例如：把 80H 开始的外部 RAM 单元中的数据送到 3000H 开始的外部 RAM 单元中，数

据个数已在内部 RAM35H 单元中。可用以下程序段完成：

```
        MOV R1, #80H              ; 源数据区首地址
        MOV DPTR, #3000H          ; 目的数据区首地址
LOOP:   MOVX A, @R1               ; 取源操作数
        MOVX @DPTR, A             ; 送操作数
        INC R1                    ; 地址增量, 为下一次取数、送数准备
        INC DPTR
        DJNZ 35H, LOOP            ; 判断, 没完则继续循环
        RET                       ; 返回
```

3. 子程序调用和返回指令

子程序是一种重要的程序结构。在一个程序中经常遇到反复多次执行某个程序段的情况，如果重复书写这个程序段，会使程序变得冗长而杂乱。对此，可采用子程序结构，即把重复的程序段编写为一个子程序，通过子程序调用来使用它。这样不但减少了编程工作量，也缩短了程序的长度。调用和返回构成了子程序调用的完整过程。

（1）子程序调用指令

ACALL addr11

LCALL addr16

这两条指令可以实现子程序的短调用和长调用，LCALL 和 ACALL 指令类似于转移指令 LJMP 和 AJMP，不同之处在于它们在转移前要把执行完该指令的 PC 内容自动压入堆栈后，才将子程序入口地址 addr16（或 addr11）送 PC，实现转移。

LCALL 与 LJMP 一样提供 16 位地址，可调用 64 KB 范围内的子程序。由于该指令为 3 字节，所以执行该指令时首先应执行(PC)←(PC) + 3，以获得下一条指令地址，并把此时的 PC 内容压入堆栈（先压入低字节，后压入高字节）作为返回地址，堆栈指针 SP 加 2 指向栈顶，然后把目的地址 addr16 送入 PC。该指令执行不影响标志位。

ACALL 指令执行时，被调用的子程序的首地址必须设在 ACALL 指令后第一个字节开始的 2KB 范围内的程序存储器中。LCALL 指令执行时，被调用的子程序的首地址可以设在 64KB 范围内的程序存储器空间的任何位置。

例如：若(SP) = 07H，标号"XADD"表示的实际地址为 0345H，PC 的当前值为 0123H。执行指令"ACALL XADD"后，(PC) + 2 = 0125H，其低 8 位的 25H 压入堆栈的 08H 单元，其高 8 位的 01H 压入堆栈的 09H 单元。(PC) = 0345H，程序转向目标地址 0345H 处执行。

（2）返回指令

返回指令共两条：一条是对应两条调用指令的子程序返回指令 RET，另一条是对应从中断服务程序的返回指令 RETI。

RET

RETI

RET 指令的功能是从堆栈中弹出由调用指令压入堆栈保护的断点地址，并送入指令计数器 PC，从而结束子程序的执行。程序返回到断点处继续执行。

RETI 指令是专用于中断服务程序返回的指令，除正确返回中断断点处执行主程序以外，并有清除内部相应的中断状态寄存器（以保证正确的中断逻辑）的功能。

子程序执行完后，程序应返回到原调用指令的下一条指令处继续执行。因此，在子程

序的结尾必须设置返回指令。

从上述两条指令的功能操作看,都是从堆栈中弹出返回地址送 PC,堆栈指针减 2,但它们是两条不同的指令。其不同在于:

- 从使用上,RET 指令必须作子程序的最后一条指令。RETI 必须作中断服务程序的最后一条指令。
- RETI 指令除恢复断点地址外,还恢复 CPU 响应中断时硬件自动保护的现场信息。执行 RETI 指令后,将清除中断响应时所置位的优先级状态触发器,使得已申请的同级或低级中断申请可以响应。而 RET 指令只能恢复返回地址。

4. 空操作指令

NOP

这条指令不产生任何控制操作,只是将程序计数器 PC 的内容加 1。该指令在执行时间上要消耗 1 个机器周期,在存储空间上可以占用 1 个字节。因此,NOP 指令常用于实现较短时间的延时或等待。

3.4.5　位操作类指令(17 条)

位操作类指令在单片机指令系统中占有重要地位,这是因为单片机在控制系统中主要用于控制线路通、断,继电器的吸合与释放等。位操作就是以位为单位进行的各种操作,又称为布尔操作。位变量也称为布尔变量或开关变量。进行位操作时,以进位标志作为累加器。位操作指令中的位地址有 4 种表示形式(以下均以程序状态字寄存器 PSW 的第 5 位 F0 标志为例说明):

- 直接位地址表示,如 D5H。
- 点表示(说明是什么寄存器的什么位),如 PSW.5,说明是 PSW 的第 5 位。
- 位名称方式(如: F0)。
- 用户定义名称表示,如用户定义用 FLG 这一名称来代替 F0,则在指令中允许用 FLG 表示 F0 标志位。

与字节操作指令中累加器 ACC 用符号"A"表示类似,在位操作指令中,位累加器要用字符"C"(注: 在位操作指令中,CY 与具体的直接位地址 D7H 对应)。位操作类指令如表 3 - 9 所示。

1. 位传送指令

MOV bit, C

MOV C, bit

该组指令的功能是:实现指定位地址中的内容与位累加器 CY 内容之间的相互传送。

例如: 若(CY) = 1,(P3) = 1010 0101B, (P1) = 0011 0101B。执行以下指令:

MOV P1.3, C

MOV C, P3.3

MOV P1.2, C

结果为: (CY) = 0, P3 的内容未变, P1 的内容变为 0011 1001B。

注意: 由于没有两个可寻址位之间的传送指令,因此它们之间无法实现直接传送。如需要这种传送,应使用以上两条指令,以 CY 作为中介来实现。

表 3 - 9　位操作类指令一览表

编号	指令分类	指令格式	指令功能	字节数	机器周期
95	位传送	MOV bit, C	C 送直接寻址位	2	2
96		MOV C, bit	直接寻址位送 C	2	1
97	位设置	CLR C	C 清 0	1	1
98		CLR bit	直接寻址位清 0	2	1
99		SETB C	C 置位	1	1
100		SETB bit	直接寻址位置位	2	1
101	位逻辑运算	ANL C, bit	C 逻辑与直接寻址位	2	2
102		ANL C, /bit	C 逻辑与直接寻址位的取反	2	2
103		ORL C, bit	C 逻辑或直接寻址位	2	2
104		ORL C, /bit	C 逻辑或直接寻址位的取反	2	2
105		CPL C	C 取反	1	1
106		CPL bit	直接寻址位取反	2	1
107	条件转移	JC rel	C 为 1 转移	2	2
108		JNC rel	C 不为 1 转移	2	2
109		JB bit, rel	直接寻址位为 1 转移	3	2
110		JNB bit, rel	直接寻址位不为 1 转移	3	2
111		JBC bit, rel	直接寻址位为 1 转移并该位清 0	3	2

2. 位置位和复位指令

SETB C

SETB bit

CLR C

CLR bit

前两条指令实现位累加器内容和位地址内容的置位(置"1")。后两条指令实现位累加器内容和位地址内容的清"0"。

例如：若(P2) = 0011 1100B,指令"SETB P2.0"执行后,结果为：(P2) = 0011 1101B。若(P1) = 1001 1101B,指令"CLR P1.3"执行后,结果为：(P1) = 1001 0101B。

3. 位逻辑运算指令

ANL C, bit

ANL C, /bit

ORL C, bit

ORL C, /bit

CPL C

CPL bit

前两条指令实现位地址单元内容或取反后的值与位累加器的内容"与"操作，操作的结果送位累加器 C。中间两条指令实现位地址单元内容或取反后的值与位累加器的内容"或"操作，操作的结果送回累加器 C。最后两条指令实现位地址单元内容和位累加器内容的取反。

例如：若（P1）= 1001 1100B，（CY）= 1。执行"ANL C，P1.0""指令后，P1 内容不变，（CY）= 0。

4. 位条件转移指令

位条件转移指令就是以位的状态作为实现程序转移的判断条件。

```
JC   rel
JNC  rel
JB   bit，rel
JNB  bit，rel
JBC  bit，rel
```

前两条指令是双字节指令，其功能是对进位标志位 CY 进行检测，当（CY）= 1（第一条指令）或（CY）= 0（第二条指令）时，程序转向（PC）+ 2 + rel 的目标地址去执行，否则程序将顺序执行。后三条指令是三字节指令，其功能是对指定位 bit 进行检测，当（bit）= 1（第一和第三条指令）或（bit）= 0（第二条指令），程序转向（PC）+ 3 + rel 的目标地址去执行，否则程序将顺序执行。对于第三条指令，当条件满足时（指定位为 1），还具有将该指定位清 0 的功能。

3.5 案例

例 3.1 统计自 P1 口输入的字串中正数、负数、零的个数。

设 R0、R1、R2 三个工作寄存器分别为统计正数、负数、零的个数的计数器。完成本任务的流程框图如图 3 − 1 所示。

参考程序如下：

```
START：CLR   A
        MOV   R0，A
        MOV   R1，A
        MOV   R2，A
ENTER：MOV   A，P1       ；自 P1 口取一个数
        JZ    ZERO         ；该数为 0，转 ZERO
        JB    P1.0，NEG    ；该数为负，转 NEG
        INC   R0           ；该数不为 0、不为负，则必为正数，R0 内容加 1
        SJMP  ENTER        ；循环自 P1 口取数
ZERO：  INC   R2           ；零计数器加 1
        SJMP  ENTER
NEG：   INC   R1           ；负数计数器加 1
        SJMP  ENTER
```

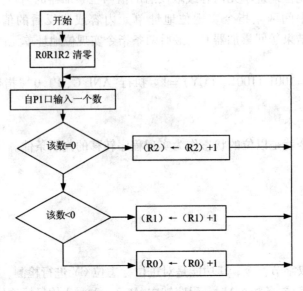

图 3 - 1　计数器程序流程框图

例 3.2　双字节无符号数乘法子程序设计。

算法：两个双字节无符号数分别放在 R7、R6 和 R5、R4 中。由于 80C51 单片机指令中只有 8 位数的乘法指令 MUL，用它来实现双字节数乘法时，可把乘数分解为：

$(R7)(R6) = (R7)2^8 + (R6)$

$(R5)(R4) = (R5)2^8 + (R4)$

则这两个数的乘积可表示为：

$$(R7)(R6)(R5)(R4) = [(R7)2^8 + (R6)][(R5)2^8 + (R4)]$$
$$= (R7)(R5)2^{16} + (R7)(R4)2^8 + (R6)(R5)2^8 + (R6)(R4)$$
$$= (R04)(R03)(R02)(R01)$$

显然，我们将 (R6)(R4) 放入 (R02)(R01) 中，将 (R7)(R4) 和 (R6)(R5) 累加到 (R03)(R02) 中，再将 (R7)(R5) 累加到 (R04)(R03) 中即可得到乘积结果。

入口：(R7 R6) = 被乘数，(R5 R4) = 乘数，(R0) = 乘积的低位字节地址指针。

出口：(R0) = 乘积的高位字节地址指针，指向 32 位积的高 8 位。

工作寄存器：R3、R2 存放部分积，R1 存放进位位。

程序清单如下：

```
MUL1: MOV  A, R6        ；取被乘数的低字节到 A
      MOV  B, R4        ；取乘数的低字节到 B
      MUL  AB           ；(R6)(R4)
      MOV  @R0, A       ；R01 存乘积低 8 位
      MOV  R3, B        ；R3 暂存(R6)(R4)的高 8 位
      MOV  A, R7        ；取被乘数的高字节到 A
      MOV  B, R4        ；取乘数的低字节到 B
```

```
        MUL   AB              ;（R7）（R4）
        ADD   A, R3           ;（R7）（R4）低 8 位加（R3）
        MOV   R3, A           ;R3 暂存 2^8 部分项低 8 位
        MOV   A, B            ;（R7）（R4）高 8 位送 A
        ADDC  A, #00H         ;（R7）（R4）高 8 位加进位位 CY
        MOV   R2, A           ;R2 暂存 2^8 部分项高 8 位
        MOV   A, R6           ;取被乘数的低字节到 A
        MOV   B, R5           ;取乘数的高字节到 B
        MUL   AB              ;（R6）（R5）
        ADD   A, R3           ;（R6）（R5）低 8 位加（R3）
        INC   R0              ;调整 R0 地址为 R02 单元
        MOV   @R0, A          ;R02 存放乘积 15～8 位结果
        MOV   R1, #00H        ;清暂存单元
        MOV   A, R2
        ADDC  A, B            ;（R6）（R5）高 8 位加（R2）与 CY
        MOV   R2, A           ;R2 暂存 2^8 部分项高 8 位
        JNC   NEXT            ;2^8 项向 2^16 项无进位则转移
        INC   R1              ;有进位则 R1 置 1 标记
NEXT:   MOV   A, R7           ;取被乘数高字节
        MOV   B, R5           ;取乘数高字节
        MUL   AB              ;（R7）（R5）
        ADD   A, R2           ;（R7）（R5）低 8 位加（R2）
        INC   R0              ;调整 R0 地址为 R03 单元
        MOV   @R0, A          ;R03 存放乘积 23～16 位结果
        MOV   A, B
        ADDC  A, R1           ;（R7）（R5）高 8 位加 2^8 项进位
        INC   R0              ;调整 R0 地址为 R04 单元
        MOV   @R0, A          ;R04 存放乘积 31～24 位结果
        RET
```

例 3.3　将某 8 位二进制数转换为 BCD 码。

设 8 位二进制数已在 A 中，转换后存于片内 RAM 的 20H、21H 单元。

程序如下：

```
        MOV   B, #100
        DIV   AB             ;该 8 位二进制数除 100，在 A 中得商，也即转换为 BCD 码后的
                              百位数
        MOV   R0, #21H       ;R0 指向 21H 单元
        MOV   @R0, A         ;百位数存入片内 RAM 的 21H 单元
        DEC   R0             ;调整 R0 指向 20H 单元
        MOV   A, #10
        XCH   A, B           ;该 8 位二进制数除 100 所得余数自 B 交换到 A，A 中的 10 交换
                              进 B
        DIV   AB             ;除 100 所得余数进一步除 10，在 A 中得转换为 BCD 码后的十
```

　　　　　　　　　　　　　；位数，在 B 中得余数，也即转换为 BCD 码后的个位数

SWAP　A　　　　　　　；A 中 BCD 码的十位数调整到 A 的高半字节，原高半字节的零则
　　　　　　　　　　　　　调整到低半字节

ADD　A，B　　　　　　；A 中高半字节的十位数与 B 中低半字节的个位数合并，结果在
　　　　　　　　　　　　　A 中

MOV　@R0，A　　　　；十位数与个位数存入 20H 单元

例 3.4　流水灯设计。

P0 口接 8 个 LED 灯，延时实现 LED 流水灯效果，P0 口 8 个灯作跑马灯（P0），开机 8 个灯循环点亮。硬件连接如图 3-2 所示。

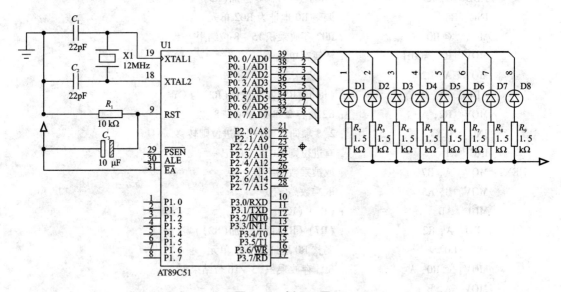

图 3-2　例 3.4 图

程序清单如下：

```
        ORG 0000H
        AJMP start
        ORG 0030H
start： MOV A, #0FFH
        CLR C
        MOV R2, #08H        ；循环 8 次
loop： RLC A                ；带进位左移
        MOV P0, A           ；输出到 P0 口
        CALL delay          ；延时一段时间
        DJNZ R2, loop       ；反复循环
        MOV R2, #07H        ；再往回循环
loop1： RRC A               ；带进位右移
        MOV P0, A           ；输出到 P0 口
        CALL delay          ；延时一段时间
        DJNZ R2, loop1      ；反复循环
```

```
        JMP start              ；重新开始
delay：MOV R3，#20H            ；延时子程序
d1：MOV R4，#20H
d2：MOV R5，#24H
     DJNZ R5，$
     DJNZ R4，d2
     DJNZ R3，d1
     RET
END
```

第 4 章　80C51 的汇编语言程序设计

在前面章节我们已经掌握了 80C51 单片机的硬件结构和指令系统,接下来就真正利用单片机处理一些实际问题,用户通过编程向单片机发出指令实现相应的功能。单片机工作时按顺序依次执行指令,所以对于用户编程而言,编程就是对实际问题的处理进行顺序描述,通过程序语言的方式,通知单片机一步一步的工作是什么。在本章,我们将介绍一种编程语言——汇编语言。汇编语言对于单片机初学者是必备知识,在单片机学习初期用汇编语言进行程序设计,能快速掌握单片机的硬件结构及单片机功能的实现机制,后期利用更高级语言实现(例如 C 语言)编程更容易上手。汇编语言相对 C 语言而言,更贴近硬件本身,具有更高的系统执行效率,即使以后高级语言的编程过程中,在某些情况下也会嵌入汇编语言以提高效率,所以学好汇编语言,是掌握单片机的必备知识。

4.1　程序编制的方法和技巧

4.1.1　程序编制的步骤

1. 分析问题

分析问题的本质,确定问题的关键点,以及明确问题的要求。解决一个实际问题,首先需要明确该课题需要解决的问题是什么,已具备的客观条件,需要注意哪些方面,解决结果所要达到的要求,比如精度、运算速度等方面。

2. 确定算法

抽象具体问题,找出所有相关数据点,及它们的相互关系,并找出规律,根据实际问题的要求、条件和特点,通过一定的数学手段表现出来,即计算公式和计算方法。在确定算法的过程当中,一个问题也许可以通过不同的计算方法解决,但设计者需要根据具体条件,例如运算速度、精度以及硬件条件,选取最佳算法,最好的不一定是最佳的,只有符合具体条件,综合考虑才是最佳的。

3. 画流程图

确定算法之后,通过图形来解释和描述说明计算过程,把程序中具有一定功能分析的各部分有机地结合起来,每个图框即是一个功能块,每个箭头即说明程序执行的顺序。确定整体框图后,逐步细化实现各功能块的算法和步骤。

4. 编写程序

以流程图为模板,算法为手段,以汇编语言方式解释说明程序过程。设计者在编写程序的时候应当注意程序可读性和正确性,养成在关键指令后面加上注释语言的习惯。

5. 上机调试

程序编写完成之后，都需要上机调试，因为任何程序都难免会出现错误，或者程序的运行过程参数和结果不满足课题要求。编写完毕的程序必须先汇编成机器代码才能调试和运行，与硬件连接调试还需要借助仿真开发工具，具体硬件需不同的仿真工具，这里不作详述。

4.1.2　程序编制的方法和技巧

(1)尽量使用循环结构及采用子程序形式。

采用循环结构和子程序，有利于减小程序的体积，提高运行效率。

(2)充分利用累加器。

累加器是主程序和子程序之间的信息枢纽，累加器传递参数比较方便。

(3)子程序中尽量保护现场。

保护现场的子程序通用性更好。

(4)中断处理过程中，需注意保护程序状态字。

中断处理有可能会对程序状态字产生影响，所以进入中断前，须对程序状态字保护。

(5)谨慎使用无条件转移指令。

少用无条件转移指令，程序更加清晰，减少错误。

4.1.3　汇编语言的语句种类

汇编语言有两种基本类型：指令语句和伪指令语句。

1. 指令语句

在上一章已介绍指令语句。指令语句是指令系统中的语句，每一条指令都有对应的机器码，是机器能够执行的语句，每一条指令语句都有相应的机器动作。

2. 伪指令语句

伪指令是汇编语言当中非常重要的一个部分，每个程序都离不开伪指令。伪指令是为汇编语言服务的，汇编时并没有对应的机器代码与之对应。几乎每一个汇编源程序中都含有伪指令，伪指令是汇编程序不可或缺的一部分，它在源程序汇编过程中起某种控制作用，经过汇编后，伪指令部分不会翻译成机器码。如设置程序的起始地址，分配一段存储空间，这些操作指令不会翻译成执行代码，不会影响代码的执行。下面介绍 80C51 系列单片机的常用伪指令。

(1)ORG

ORG 指令设置程序或数据存储区的地址，其格式为：

ORG 16 位地址

例如：ORG 1000H

　　　MOV A, #01H

上述指令中，MOV 指令存放在地址 1000H 处。

ORG 可以在程序中出现多次，每次出现，都说明紧随它的那条指令存放在 ORG 指定的地址处。

（2）END

END 指定程序结束位置，表明汇编程序已结束，在 END 伪指令之后的所有语句都不再汇编。其格式为：

［标号：］　　END

例如：　　ORG 1000H　　　　　　　；该语句下面的程序从 1000H 开始

　　　　　　NOP

　　　　　　END　　　　　　　　　　；程序结束

（3）EQU

EQU 是赋值伪指令，将指令右边的值赋给左边用户定义的符号，在实际使用中，左边的符号等价于所定义的值。其格式为：

字符名称　　　EQU　　　数或汇编符号

例如：PA EQU 3

　　　　MOV A，PA　　　　　　　；3 送入 A 寄存器

使用 EQU 伪指令必须先赋值后使用，所以该指令一般放在程序开头，经赋值的符号，可多次使用，在整个执行过程中，值保持不变。

（4）DB

DB 是定义字节数据伪指令，它的功能是从指定的地址单元开始，定义若干个字节的数据或 ASCII 码字符。其格式为：

［标号：］　　DB　字节数据表

例如：ORG 2000H

　　　　TAB：DB　　99H，00H，01H，02H，03H，04H

　　　　STR：DB　‘ABC’

　　　　以上指令经汇编后（2000H）＝99H

　　　　　　　　　　　　　　（2001H）＝00H

　　　　　　　　　　　　　　（2002H）＝01H

　　　　　　　　　　　　　　（2003H）＝02H

　　　　　　　　　　　　　　（2004H）＝03H

　　　　　　　　　　　　　　（2005H）＝04H

　　　　　　　　　　　　　　（2006H）＝41H

　　　　　　　　　　　　　　（2007H）＝42H

　　　　　　　　　　　　　　（2008H）＝43H

其中，41H，42H，43H 分别为 A，B，C 的 ASCII 码值。

（5）DW

DW 是定义字数据伪指令。它的功能是从指定的存储单元开始，以字（双字节）为单位定义若干存储单元。它与 DB 的区别是，DB 定义的是字节单元，DW 定义的是字单元。其格式为：

［标号：］　　DW 字数据表

例如：ORG 2000H

　　　　TAB：DW　　9900H，0102H，0304H

以上指令经汇编后的 2000H～2005H 存储单元中数据和 DB 指令中例程达到一样效果。

(6) DATA

DATA 是数据地址赋值伪指令。它将表达式指定的数据地址或代码地址赋予指定的标号。其格式为：

［标号］　DATA 表达式

DATA 功能与 EQU 功能相似，它们的区别是：DATA 指令可以先使用后定义。

(7) DS

DS 是定义存储区伪指令。它的功能是从指定的地址单元开始，保留由表达式指定的若干字节空间，以备程序使用。其格式为：

［标号:］　　DS　　表达式

例如：ORG　　1000H

　　　DS　　03H

　　　DW　　0123H

以上程序功能为：保留 1000H～1002H 存储单元，从 1003H 开始存放字数据 0123H。

注意：DB，DW，DS 伪指令在 80C51 指令系统中均只能用于程序存储器而不能用于数据存储器。

(8) BIT

BIT 是位地址赋值指令。它将位地址赋给所指定的标号，常用在定义单片机 I/O 端口地址。其格式为：

字符名称　　BIT　　位地址

例如：AN　　BIT　　P2.0

　　　BN　　BIT　　P2.1

汇编后，在程序中使用单片机 P2.0，P2.1 端口，可直接使用 AN，BN 代替。

上面介绍了 80C51 指令系统中常用的伪指令，伪指令的使用能提高程序的执行效率，改善可读性。熟练掌握这些伪指令对学好汇编语言是必不可少的。

4.1.4　汇编语言的指令格式

汇编语言指令格式是基本的四分段格式，如表 4-1 所示。

表 4-1　四分段格式

标号字段 （Lable）	操作码字段 （Opcode）	操作数字段 （Operand）	注释字段 （Comment）

上述四分段格式中，标号与操作码之间须用“：”分隔；操作码与操作数之间须空格；若有多个操作数，则操作数之间须“，”分隔；操作数与注释之间须“；”分隔。在一条指令中，操作码是一定存在的，其他字段是可选项。

下面以一段汇编程序来说明四分段格式：

标号	操作码	操作数	注释
START：	MOV	A，#03H	；3→A
	MOV	R2，#01H	；1→R2
	ADD A，R2		；(A)+(R2)→A

1．标号字段

标号是用户自行定义的符号，用来表明所在行语句的地址，由英文和数字组成，为了增加程序可读性，一般采用所在语句功能的英文单词缩写组成，但切记：标号名称不能与指令符号相同。如上述例程中的 START，即是程序开始处，简单易懂，可读性强。

2．操作码

操作码由汇编指令系统中的助记符组成。它规定了指令所要实现的操作功能，是语句的核心。

3．操作数

操作数是操作码的参数，它是操作码执行动作的数据来源及操作结果的存放目的单元。它可以是立即数、寄存器、直接地址等，上述例程中累加器 A，立即数#03H，寄存器 R2 都是操作数。

4．注释

注释是加在指令语句后面的描述性语言，以"；"分隔指令和注释。对于初学者，无论是汇编语言还是其他编程语言，都要养成写注释的好习惯，因为很多程序，即使是作者，时间长了也不一定能读懂程序，在程序的关键指令语句上加上注释能增加程序可读性，以便读者能快速掌握程序。

4.2　源程序的编辑和汇编

4.2.1　源程序的编辑

在 51 单片机领域，汇编程序的编写应严格依据 80C51 系列单片机汇编语言的基本规则，灵活运用伪指令。如下面一段程序：

```
ORG    1000H
MOV    A，#03H
END
```

其中 ORG，END 交代了程序的起、止位置。

目前，借助编程软件，单片机应用系统的源代码都在 PC 机上编写，并以".asm"后缀存盘，方便汇编调用。

4.2.2　汇编程序的汇编

汇编程序的汇编即将汇编代码转换为可执行的机器码，完成汇编功能有人工汇编和机器汇编两种方式。

1. 人工汇编

人工汇编方式是指人工翻译汇编代码，查找指令表，找到对应的机器代码，并分配存储空间，计算偏移地址，直至得到可执行目标文件。

人工汇编只适用于简单的短篇幅程序，短篇程序指令少，翻译工作量小，但是对于结构复杂，长篇幅的程序，它的汇编工作量巨大，人工汇编方式明显不适合。

2. 机器汇编

机器汇编指通过计算机系统自动化地将汇编语言程序翻译成可执行的机器代码。目前，编程语言程序的汇编工作基本上都是在微型计算机平台上完成的，但 PC 机与单片机硬件平台不同，所以这种编译方式叫做交叉编译，并借助相应的编程软件，如今编程工具日益强大，调试方便，所以机器汇编相比人工汇编具有明显优势。

在机器汇编方式中，首先将汇编源程序以文件形式（.asm）输入编程软件，然后汇编成机器码，在汇编过程中，若发现错误或警告，平台会自动报错，开发人员可根据报错信息不断调试源程序，直至编译无错通过。汇编完成后会生成打印文件（.prt）、列表文件（.lst）、目标文件（.obj），以及生成可执行文件（.exe）。

4.3　汇编语言程序设计和基本程序结构

51 单片机系列的汇编程序编写，一方面需要熟练掌握基本指令以及伪指令的使用，另一方面需要熟悉单片机硬件平台原理。对于复杂问题的程序编写，通过画流程图的方式以简化问题，模块化的方式将复杂问题简单化。

4.3.1　顺序程序设计

顾名思义，顺序程序指的是程序执行过程中无跳转、无循环，按照指令的书写顺序，一条一条地执行，它是最简单的程序结构。

例 4.1　请用 80C51 汇编指令编写程序，将外部 RAM 单元中 40H 中的 BCD 数据 23 拆分，并转化为 ASCII 码，分别存放在 41H，42H 中。

分析：题意要求如图 4 - 1 所示。

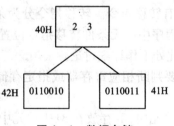

图 4 - 1　数据存储

本题中，先将 BCD 码的高低位拆开，而小于 9 的 BCD 码对应的 ASCII 码只是在高位补上 011H，低位为对应的 8421 码，例如 BCD 码 2 对应的 ASCII 码为 32H，按此原则转换之后，分别存入对应的存储单元即可。

汇编程序如下：

```
ORG    1000H        ;程序从地址 1000H 开始
MOV    R0,#40H
MOV    A,#30H
XCHD   A,@R0        ;将 40H 中数据低 4 位与 A 的低 4 位交换
MOV    41H,A        ;A 中高位为 011H,低位为交换得到的 40H 低位
MOV    A,@R0
SWAP   A
ORL    A,#30H       ;低位保持不变,高位加 011H
MOV    42H,A
END                 ;程序结束
```

例 4.2　将两个半字节数合并成一个单字节数。

设：内部 RAM40H,41H 单元中分别存放着 8 位二进制数。要求取出两个单元中的低半字节合并成一个字节,并存入 42H 单元。

程序如下：

```
        ORG 1000H
SRART:  MOV R1, #40H
        MOV A, @R1
        ANL A, #0FH      ;取第一个半字节
        SWAP A           ;移至高 4 位
        INC R1
        XCHD A, @R1      ;取第二字节
        ANL A, #0FH      ;取第二个半字节
        ORL A, @R1       ;拼字
        INC R1
        MOV @R1, A       ;存放结果
        RET
        END
```

4.3.2　分支程序

分支程序的主要特点是含有转移指令。转移指令分为条件转移指令(例如 JZ)和无条件转移指令(例如 AJMP)。在程序中的无条件转移指令位置直接跳转到指定位置,不做条件判断,这一类型程序简单,此处不作详细讨论。

在条件转移指令位置,需要判断相应寄存器或指定存储位置内容的值是否满足要求,再进行相应跳转。

例 4.3　设 a 存放在 30H 单元中, b 存放在 31H 单元中,要求按下式计算 y 值并将结果 y 存入 32H 单元中,试编写相应的程序。

$$y = \begin{cases} a - b & a \geq 0 \\ a + b & a < 0 \end{cases}$$

本题的关键是判断 a 是正数还是负数,这可以通过检测 30H 单元的符号位,即最高位

的状态来实现。若最高位等于 0(为正数)，则执行 a－b 运算，否则执行 a＋b 运算。相应的程序如下：

```
        ORG 2000H
START：     MOV A, 30H
           JB ACC.7, ADDAB      ；判 a 是否为负数，若是则转 ADDAB
           CLR C                ；若为正数，则清 C
           SUBB A, 31H          ；执行 a－b 操作
           SJMP DONE
ADDAB：     ADD A, 31H           ；若为负数，则执行 a＋b 操作
DONE：      SJMP DONE
        END
```

在上述程序中，第三行语句 JB 处即为条件转移，判断 a 的正负，作相应的跳转。而在语句 SJMP 处为无条件转移。

例 4.4　判别两个 16 位无符号数的大小。

设 M、N 分别为两个 16 位无符号数，MH、ML 和 NH、NL 表示两个无符号数的高 8 位和低 8 位。分别存放在 80C51 单片机内部 RAM 的 40H、41H 及 50H、51H 单元中。当 M＞N 时，将内部 RAM 的 42H 单元清 0，否则，将该单元置成全 1。试编写实现此功能的程序。

因 80C51 系列单片机指令系统没有 16 位比较指令，只能使用 8 位比较指令。首先比较两数的高 8 位，若 MH 大于 NH，则说明 M＞N，将内部 RAM 的 42H 单元清 0。若 MH 小于 NH，则说明 M＜N，将 42H 单元置 1。若 MH 等于 NH，则再比较两者的低 8 位，具体处理过程与高 8 位相同。当 M＝N 时也将 42H 单元置成全 1。其流程图见图 4－2。程序如下：

```
        ORG   2000H
MH   DATA   40H
ML   DATA   41H
NH   DATA   50H
NL   DATA   51H
START：     MOV A, MH            ；取 M 高 8 位
           CJNE A, NH, NE1      ；判 M 高 8 位是否等于 N 高 8 位，若不相等，则转 NE1
           MOV A, ML            ；若高 8 位相等，则取 M 低 8 位
           CJNE A, NL, NE1      ；判 M 低 8 位是否等于 N 低 8 位，若不相等，则转 NE1
           SJMP ST1             ；若 M＝N，则转 ST1
NE1：       JNC CR0             ；若 M＞N，则转 CR0
ST1：       MOV 42H, #0FFH       ；M≤N 则置非大于标志
           SJMP DONE
CR0：       MOV 42H, #00H        ；M＞N 则置大于标志
DONE：      RET
        END
```

4.3.3　循环程序

所谓循环，指的是多次重复执行一组相同的操作。在 80C51 中，主要利用各种条件转

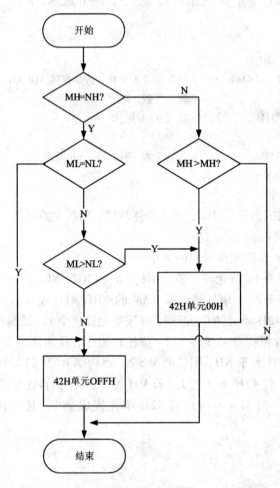

图 4-2   程序流程图

移指令进行循环控制，如 DJNZ、CJNZ、JZ、JNZ、JC、JNC 等。设计循环结构程序时，主要应注意以下几个问题：

(1)循环程序参数的初始化：规划循环变量、设置循环次数、累加器清零等。

(2)循环体设计：即重复执行的指令。

(3)循环控制：确定循环条件，何种条件下循环进行、结束。

(4)循环嵌套。

例 4.5   设从片内数据存储器 30H 单元开始存有 10H 个无符号数据，试求出数据块中最大的数，并存入 40H 单元。

分析：寻找最大值的方法是把第一个数据作为基准数，即最大数，依次取第二个数、第三个数、……与之比较，若比较结果是基准数较小，则用较大的数代替原来的基准数，这样一直将数据块搜索完毕，找到最大值。程序如下：

```
MOV R7, #0FH        ;比较次数
MOV R1, #30H        ;地址指针置初值
```

```
             MOV A, @ R1          ;用第一个数作为最大数
LOOP:        CLR C                ;清零 C 准备相减
             INC R1               ;指向下一个数据
             SUBB A, @ R1         ;用减法进行比较
             JNC NEXT             ;A > ((R1)) 则转移
             MOV A, @ R1          ;A < ((R1)) 则用当前数据替换前最大数
             SJMP NEXT1
NEXT:        ADD A, @ R1          ;恢复 A
NEXT1:       DJNZ R7, LOOP        ;循环结束条件
             MOV 40H, A           ;保存结果
```

例 4.6 有一数据块 X 从片内 RAM 的 30H 单元开始存入，设数据块长度为 10 个单元。根据下式：

$$\begin{cases} X+2, & X>0 \\ 100, & X=0 \\ |X|, & X<0 \end{cases}$$

求出 Y 值，并将 Y 值放回原处。

参考程序如下：

```
ORG 2000H
             MOV R0, #10
             MOV R1, #30H
START:       MOV A, @ R1          ;取数
             JB ACC.7, NEG        ;若为负数, 转 NEG
             JZ ZERO              ;若为零, 转 ZERO
             ADD A, #02H          ;若为正数, 求 X + 2
             AJMP SAVE            ;转到 SAVE, 保存数据
ZERO:        MOV A, # 64H         ;数据为零, Y = 100
             AJMP SAVE            ;转到 SAVE, 保存数据
NEG:         DEC A                ;求 | X | (减 1 后取反)
             CPL A
SAVE:        MOV @ R1, A          ;保存数据
             INC R1               ;地址指针指向下一个地址
             DJNZ R0, START       ;数据未处理完, 继续处理
             SJMP $               ;暂停
```

4.3.4　子程序及其调用

在工程上，几乎所有的程序都是由许多的子程序组成的。几乎所有实际工程都无法通过一个程序来完成它的功能，而是将其分解为大量的功能块，每一个功能块由一个程序来完成，这样编写出来的程序，具有更高的可移植性，可调试性。对整个工程而言，结构一目了然，可读性增强。由此看来，子程序就是完成特定功能并能为其他程序反复调用的程序段。子程序需要满足被其他程序反复调用的要求，所以它具有通用性和独立性，一方面能够被多个程序调用，另一方面，经调用后的子程序不会发生改变。子程序的编写需要注

意以下问题：

（1）子程序必须明确入口地址，否则无法被调用。所以，子程序的首条指令前必须有标号，标号即为子程序的入口地址，并且，标号要以子程序功能定名，以便阅读时一目了然。例如，延时程序都以 DELAY 为标号。

（2）子程序的调用：通过安排在主程序当中的调用语句实现，而在子程序的 RET 或 RETI 语句处返回，在形式上相当于将子程序段嵌入到主程序调用语句处执行。

（3）子程序的调用须注意保护现场。计算机能自动保存和恢复主程序的断点地址，但对工作寄存器和特殊寄存器等存储单元无法保护，所以需要作者加入保护这些单元的指令，在子程序开头和末尾分别加入保护和恢复它们的指令。

（4）子程序参数可以分为入口参数和出口参数，入口参数是调用子程序时获得的原始数，主程序通过约定的寄存器、堆栈、内存单元传递给子程序，而出口参数指经过子程序处理获得了返回数据，同样子程序通过约定的寄存器、堆栈、内存单元传递给主程序。

（5）在子程序当中仍然还可以继续调用子程序，通常情况下 51 单片机允许二层嵌套。

（6）子程序应具有可浮动性，即在存储器任何空间都可以执行，所以在子程序当中的跳转指令必须使用相对转移指令，而不要使用绝对转移指令。

子程序的基本结构

```
MAIN：
        …
        LCALL   SUB        ;调用子程序
        …
SUB：   PUSH PSW
        PUSH Acc           ;保护现场
        …
        POP Acc
        POP PSW            ;恢复现场
        RET                ;返回主程序
```

在上述程序结构中有现场保护指令，这些指令不是必需的，需依情况而定。

例 4.7 用程序实现 $C = A^2 + B^2$。设 A、B 均小于 10，A、B、C 分别存于片内 RAM 的 3 个单元 DAA、DAB 和 DAC 中。

本题需两次求平方值，所以先把求平方值编写成子程序。在主程序中两次调用该子程序，分别得到 A^2 和 B^2，然后相加求和。程序如下：

```
ORG 2000H
DAA DATA 30H
DAB DATA 31H
DAC DATA 32H
START:  MOV A, DAA         ;取入口参数 A
        ACALL SQR          ;求 A²
        MOV R1, A          ;A² 存 R1
        MOV A, DAB         ;取入口参数 B
        ACALL SQR          ;求 B²
        ADD A, R1          ;完成 A² + B²
```

```
              MOV DAC, A              ; 存 A² + B²
              SJMP $
SQR:          ADD A, #01H             ; 地址调整
              MOVC A, @ A + PC        ; 查平方表
              RET
SQRTAB: DB 0, 1, 4, 9, 16, 25, 36, 49, 64, 81
END
```

例 4.8　设计一个循环灯系统。要求单片机的 P1 口并行输出驱动 8 个发光二极管,使其循环左移点亮。

P1 口每一位经过反向驱动器接二极管的负极,只要某一位输出"1",则点亮相应位的发光二极管,输出"0"时则熄灭。点亮某一位后滞留一段时间,滞留的时间采用软件延时,并作为子程序被调用。程序如下:

```
ORG 2000H
START:        MOV A, #01H
LOOP:         MOV P1, A
              LCALL DELAY            ; 延时一段时间
              RL A                   ; 左移一位
              SJMP LOOP              ; 不断循环
DELAY:        MOV R7, #64H           ; 延时 200 ms
DE2:          MOV R6, #0C7H
DE1:          NOP
              NOP
              DJNZ R6, DE1
              NOP
              DJNZ R7, DE2
              RET
              END
```

4.4　常用程序举例

4.4.1　算术运算程序

在大多数工程当中都离不开数值运算,四则运算是最基本的数值运算。在汇编程序中,数值运算的关键有两个方面:一个是对于有符号数据之间的运算,需要注意它们之间的符号异同;另一个是在进行多字节数据运算时,低位运算之后的高位运算需要采用带进位的运算指令。具体运算方式将在以下例程中分析。

无符号数加法

例 4.9　双字节数加法:DATA1 和 DATA2 分别为两存储单元首地址,其中分别存放着双字节数,低位在前。设计程序求和,并将和存放在 DATA1 中。

ORG 1000H

```
        MOV R0, #DATA1
        MOV R1, #DATA2              ;取数据单元地址
        MOV A, @R0
        ADD A, @R1
        MOV @R0, A                  ;存低位和
        INC R0
        INC R1
        MOV A, @R0
        ADDC A, @R1
        MOV @R0, A                  ;存低位和
        END
```

注意：在本例中数据量小，所以采用顺序程序设计，对于多字节数据运算，建议采用子程序的方式实现。

例 4.10 补码数乘法。负数在计算机中是以补码形式存放的，在做带符号数运算时，需要注意符号位和数据位两个部分的运算。

设在 DATA1 和 DATA2 中分别存放有 8 位补码形式的数，试编程求积，将积存放在 DATA3 开始的存储单元中。

带符号数的乘法分为三个步骤。

(1)符号位单独处理，以同号相乘为正，异号相乘为负的原则，对符号位的运算进行异或处理。

(2)数据位部分。如果有负数，则取补得绝对值，最终进行绝对值的乘法运算。

(3)对积进行处理。如果积为负数，则也需取补，转变为补码形式存储。

```
        ORG 1000H
        MOV R0, #DATA1
        MOV R1, #DATA2
        MOV R2, #DATA3       ;取数据单元地址
        CBT BIT 20H.0        ;积符号位
        CBT1 BIT 20H.1       ;被乘数符号位
        CBT2 BIT 20H.2       ;乘数符号位
        MOV A, R0
        RLC A
        MOV CBT1, C          ;存被乘数符号位
        MOV A, R0
        RLC A
        MOV CBT2, C          ;存乘数符号位
        MOV A, R0
        XRL A, R1
        RLC A
        MOV CBT, C           ;存积符号位
        MOV A, R0            ;处理被乘数
        JNB CBT1, NCH1       ;若为负，则取补
        CPL A
```

```
            INC A
NCH1：      MOV B, A
            MOV A, R1           ；处理乘数
            JNB CBT2, NCH2      ；若为负，则取补
            CPL A
            ADD A, #01H
NCH2：      MUL AB              ；求积
            JNB CBT, NCH3       ；若积为负，则取补
            CPL A
            ADD A, #01H         ；影响进位标志位
NCH3：      MOV R2, A           ；存低位
            MOV A, B
            JNB CBT, NCH4       ；若为负高位取补
            CPL A
            ADDC A, #00H
NCH4：      INC R2
            MOV R2, A           ；存高位
            SJMP $
            END
```

4.4.2　代码转换

在进行单片机显示等编程时常遇到码制转换问题，例如，将机器二进制码转换为 ASCII 码，或者作相反处理。

例 4.11　二进制码转换为 ASCII 码。

查询 ASCII 码表可知。若 4 位二进制码小于 10，转换为 ASCII 码时，仅需在原数上加上 30H 即可。若大于 10，则加上 37H。

入口：4 位二进制数存放于 R1 中。

出口：ASCII 码仍放在 R1 中。

```
SUB：       MOV A, R1
            ANL A, #0FH         ；取 4 位二进制数
            CLR C
            SUBB A, #0AH        ；与 10 比较
            MOV A, R1           ；重新取 4 位二进制数
            ANL A, #0FH
            JC LOOP
            ADD A, #07H
LOOP：      ADD A, #30H
            MOV R1, A
            RET
```

上述子程序实现二进制转 ASCII 码功能，而 ASCII 码转二进制即为逆过程，此处不作详细介绍。

例 4.12　BCD 码转二进制码。

一个十进制数表示方式为：

$$A = a_{n-1} \times 10^{n-1} + a_{n-2} \times 10^{n-2} + \cdots + a_1 \times 10 + a_0$$

将 BCD 码按以上公式计算即可转换为二进制码。

入口：4 位 BCD 码数放在 50H ~ 53H 存储单元。

出口：转换为二进制数存放到 R3R4 寄存器中。

```
SUB:    MOV R0, #50H
        MOV R2, #03H        ;4 位数据
        MOV R3, #00H        ;高位清零
        MOV A, @ R0         ;取数据
        MOV R4, A
LOOP:   MOV A, R4
        MOV B, #0AH
        MUL AB              ;转为二进制
        MOV R4, A           ;存低位
        MOV A, #0AH
        XCH A, B
        XCH A, R3
        MUL AB              ;将上一位转换得到的高位再乘 10
        ADD A, R3
        XCH A, R4
        INC R0
        ADD A, @ R0
        XCH A, R4
        ADDC A, #00H
        MOV R3, A
        DJNZ R2, LOOP
        RET
```

4.5　LCD 液晶显示器的汇编实例

LCD1602 是单片机系统最常用的显示模块，在本例中将介绍 LCD1602 显示器的用法。

1. LCD1602 引脚功能

LCD1602 一共有 16 个引脚，各脚功能如表 4 - 2 所示。LCD1602 引脚如图 4 - 3 所示。

表 4 - 2　LCD1602 引脚功能表

引脚号	符号	状态	功能
1	VSS		电源地
2	VCC		+5V 逻辑电源
3	VO		液晶驱动电源
4	RS	输入	命令选择 1：数据；0：命令
5	R/W	输入	读写选择 1：读；0：写
6	E	输入	使能
7	DB0	三态	数据总线(低位)
8	DB1	三态	数据总线
9	DB2	三态	数据总线
10	DB3	三态	数据总线
11	DB4	三态	数据总线
12	DB5	三态	数据总线
13	DB6	三态	数据总线
14	DB7	三态	数据总线(高位)
15	BLA	输入	背光电源正极，一般接 VCC
16	BLK	输入	背光电源负极，一般接地

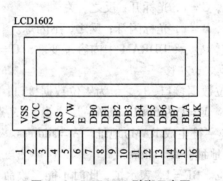

图 4 - 3　LCD1602 引脚示意图

　　从上表中可以看出，对引脚 4 作出不同选择时，数据总线的功能不同，当输入 0，则数据总线传送的是指令，反之为传送数据。

　　2. LCD1602 指令集

　　LCD1602 指令集如表 4 - 3 所示。

表 4 - 3 LCD1602 指令集

序号	功能	RS	R/W	DB7	DB6	DB5	DB4	DB3	DB2	DB1	DB0
1	清屏	0	0	0	0	0	0	0	0	0	1
2	返回	0	0	0	0	0	0	0	0	1	*
3	输入方式	0	0	0	0	0	0	0	1	I/D	S
4	显示开关	0	0	0	0	0	0	0	D	C	B
5	光标移位	0	0	0	0	0	1	S/C	R/L	*	*
6	功能设置	0	0	0	0	0	DL	N	F	*	*
7	CGRAM 地址	0	0	0	1	A					
8	DDRAM 地址	0	0	1	A						
9	读忙标志	0	1	BF	AC						
10	写数据	1	0	DATA							
11	读数据	1	1	DATA							

说明: * 表示可以为 1，也可以为 0。

具体解释说明如下：

指令 1：清除屏幕显示，光标回起始位。

指令 2：置 DDRAM(显示数据 RAM) 地址为"0"，显示返回原始位置。

指令 3：设置光标移动方向。I/D = 1，增量方式；I/D = 0，减量方式。S = 1，显示移位；S = 0，不移位。

指令 4：D 为整体显示开关，D = 0，关显示；D = 1，开显示。

　　　　C 为光标开关，C = 1，光标开；反之，关。

　　　　B 为光标闪烁，B = 1，光标闪烁；反之，不闪烁。

指令 5：移动光标或整体显示，DDRAM 中内容不变。S/C = 1，显示移位；S/C = 0，光标移位。R/L = 1，右移；反之，左移。

指令 6：DL = 1，为 8 位数据接口，反之，为 4 位数据接口；N = 1，双行显示，反之，单行显示；F 为设置字型大小，F = 1 为 5 * 10 点阵，反之为 5 * 7 点阵。

指令 7：设置 CGRAM(字符生成 RAM) 地址。A = address。

指令 8：设置 DDRAM 地址。A = address。

指令 9：BF 读忙标志位。BF = 1，表示忙，此时不能接收命令和数据，反之，空闲，可以接收。

指令 10：写入数据 DATA。

指令 11：读出数据 DATA。

对于 LCD1602 的操作，必须综合控制指令和数据传输指令的使用。液晶显示模块是一个慢显示器件，所以在执行每条指令之前一定要确认模块的忙标志为低电平，表示不忙，否则此指令失效。要显示字符时要先输入显示字符地址，也就是告诉模块在哪里显示字符。

3. 程序示例

实现在 LCD 显示器上显示字母"A"。

(1)电路图。LCD1602 模块可与 51 单片机直接相连,电路图如图 4 – 4 所示。

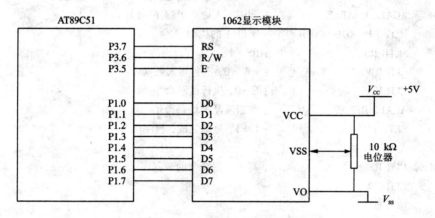

图 4 – 4　LCD 显示实例电路图

(2)流程图。屏显 A 流程图如图 4 – 5 所示。

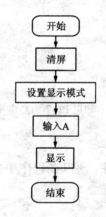

图 4 – 5　屏显 A 流程图

(3)程序如下:

```
ORG 1000H
RS EQU P3. 7            ;确定具体硬件的连接方式
RW EQU P3. 6            ;确定具体硬件的连接方式
E EQU P3. 5             ;确定具体硬件的连接方式
MOV P1, #00000001B     ;清屏并光标复位
ACALL ENABLE           ;调用写入命令子程序
MOV P1, #00011000B     ;设置显示模式:8 位 2 行 5 × 7 点阵
ACALL ENABLE           ;调用写入命令子程序
MOV P1, #00000111B     ;显示器开、光标开、光标允许闪烁
```

```
            ACALL ENABLE            ; 调用写入命令子程序
            MOV P1, #00000110B      ; 文字不动, 光标自动右移
            ACALL ENABLE            ; 调用写入命令子程序
            MOV P1, #0C0H           ; 写入显示起始地址(第二行第一个位置)
            ACALL ENABLE            ; 调用写入命令子程序
            MOV P1, #01000001B      ; 字母 A 的代码
            SETB RS                 ; RS = 1
            CLR RW                  ; RW = 0, 准备写入数据
            CLR E                   ; E = 0, 执行显示命令
            ACALL DELAY             ; 判断液晶模块是否忙
            SETB E                  ; E = 1, 显示完成, 程序停车
            AJMP  $
ENABLE：  CLR RS                   ; 写入控制命令的子程序
            CLR RW
            CLR E
            ACALL DELAY
            SETB E
            RET
DELAY：   MOV P1, #0FFH            ; 判断液晶显示器是否忙的子程序
            CLRRS
            SETB RW
            CLR E
            NOP
            SETB E
            JB P1.7, DELAY          ; 如果 P1.7 为高电平表示忙就循环等待
            RET
            END
```

　　1602 液晶模块是一个慢显示器件, 所以在程序中多次调用 DELAY 子程序, 判断显示器件是否处于忙碌状态。

第 5 章　中断系统与定时器

5.1　中断系统

5.1.1　中断的概念

1. 中断的定义

中断是指打断正在进行的工作，转而去处理另外一件更紧急的事，处理完毕后转回来继续进行原来的工作。

在日常生活中就常用到中断的处理思想，比如：你正在家打扫卫生，这时电话响了，你会去接电话；通话的时候门铃响了，是妈妈回来了，你会让电话那头的人等一下，先去开门；之后回来继续通话，通话结束后，你才会继续打扫卫生。

在上述例子中，从打扫卫生到接电话是一次中断，从接电话到开门又是一次中断。在处理这些事情的时候，你会采用先急后缓的方法进行处理。

类似的情况在计算机当中，也普遍存在。在这里所谓的中断是指当 CPU 正在处理某一事件时，外部发生了另一事件，请求 CPU 迅速处理，CPU 暂时停止当前的工作，记录好工作的进度，转入处理所发生的事件，处理结束后再回到原来地方，继续原来的工作。这样的过程就是计算机的中断过程，其中断流程图如图 5－1 所示。

中断技术是解决资源竞争的有效方法。采用中断技术可以使多项任务共享一个资源，所以中断技术实质上就是一种资源共享技术。中断技术十分重

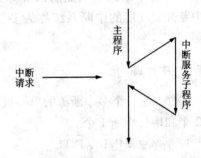

图 5－1　中断处理流程图

要，中断技术的应用不仅解决了快速主机和慢速 I/O 设备的数据传送问题，而且还具有以下优点：

（1）分时操作：当 CPU 接收了外设发出的中断申请后，CPU 会响应这个中断申请，在为其服务完成之后返回到原来设立的断点处继续执行主程序，而外设在接受了 CPU 的服务之后，也继续自己的工作。这样 CPU 可以分时为多个外设服务，提高了计算机的利用率；

（2）实时处理：计算机在用于实时控制时，外部事件是随机发生的，有了中断系统，CPU 能够及时处理外部的随机事件，使系统的实时性大大增强；

（3）故障处理：计算机在工作的过程中，经常会发生设备故障和断电等事件，有了中

断系统，在发生上述的故障时，CPU 可以让计算机进行相应处理而不必停机。

2. 中断优先级

实现中断功能的各种硬件和软件统称为中断系统。引起 CPU 中断的原因或触发中断的来源称为中断源。

通常计算机系统都允许存在多个中断源，当多个中断源同时发出中断申请时，CPU 就会根据中断源的紧急程度进行排队，依次处理。因此，规定每个中断源都有一个中断优先级别。

多个中断源发出中断申请时，CPU 进行先后处理的顺序为：

（1）先处理优先等级高的中断，再处理优先等级低的中断；

（2）处理同一级别中断源的中断时，则按中断硬件查询顺序进行排队，依次处理。

3. 中断嵌套

中断嵌套是指当前 CPU 正在处理一个中断时，一个更高优先级的中断源向它发出请求，此时 CPU 暂停执行原来的处理程序，设置断点，转而去处理优先级更高的中断，处理结束后，再回到断点继续执行原来的低级中断处理程序的过程。

若当前处理的是低优先级中断，则能被高优先级中断源所中断，形成中断嵌套；若当前处理的是高优先级中断，则不能被低优先级中断源所中断，即不能形成中断嵌套。

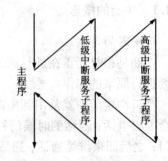

图 5-2 二级中断嵌套系统流程图

不具有中断嵌套功能的系统称为单级中断系统，具有中断嵌套功能的中断系统称为多级中断系统，如图 5-2 所示为二级中断嵌套系统流程图。

5.1.2 中断源

80C51 是一个多中断源的单片机，有 3 类共 5 个中断源，分别是外部中断 2 个，定时中断 2 个和串行中断 1 个。

1. 外部中断 $\overline{INT0}$、$\overline{INT1}$

外部中断是由外部信号引起的，共有 2 个中断源，即外部中断 0 和外部中断 1。$\overline{INT0}$（P3.2）、$\overline{INT1}$（P3.3）分别是外部中断 0 和外部中断 1 请求信号的输入引脚。可由 IT0（TCON.0）、IT1（TCON.2）分别选择其为低电平有效还是下降沿有效。当 CPU 检测到 P3.2 或 P3.3 引脚上出现有效的中断信号时，中断标志 IE0（TCON.1）或 IE1（TCON.3）置"1"，向 CPU 申请中断。

对于中断请求在低电平有效这种方式，只要检测到低电平信号即为有效申请。而对于中断请求在下降沿有效这种方式，CPU 在两个相邻机器周期对中断请求引入端进行的采样中，如前一次为高电平，后一次为低电平，即为有效中断请求。因此在这种中断请求信号方式下，中断请求信号的高电平状态和低电平状态都应至少维持一个机器周期，以确保电平变化能被单片机采样到。

2. 定时中断 TF0、TF1

TF0(TCON.5)、TF1(TCON.7)分别是片内 2 个定时器/计数器 T0 和 T1 的溢出中断请求标志。当定时器/计数器 T0 和 T1 发生溢出时,置位 TF0 或 TF1 为"1",而向 CPU 申请中断。

定时中断是为满足定时或计数的需要而设置的,当计数装置发生计数溢出时,即表明定时时间到或计数值已满,这时就以计数溢出信号作为中断请求,去置位一个溢出标志位,作为单片机接受中断请求的标志。由于这种中断请求是在单片机内部发生的,属于内部中断,因此无需在芯片上设置引入端。

对于定时器/计数器来说,不管是独立的定时器/计数器芯片还是单片机内部的定时器,都具有以下 3 个特点:

(1)定时器/计数器有多种工作方式,可以是定时方式也可以是计数方式。

(2)定时器/计数器计数值是可变的,但对计数的最大值有一定限制,这取决于计数器的位数。计数的最大值也就限定了定时的最大值。

(3)可以按照规定的定时或计数值,在定时时间到或计数终止时,发出中断请求,以便实现定时控制。

3. 串行中断 TI/RI

串行中断即串行口接收和发送中断,是为串行数据传送的需要而设置的,RI(SCON.0)、TI(SCON.1)分别是串行接口接收、发送中断请求标志。当串行接口接收或发送完一帧串行数据时,置位 RI 或 TI 为"1"会向 CPU 申请中断,因串行中断请求也是在单片机芯片内部自动发生的,所以同样不需在芯片上设置引入端。

上述 5 个中断源的优先级别各不相同,它们的优先级排列顺序如表 5-1 所示。

表 5-1　中断源优先级排列顺序

中断源	同级内的中断优先级
外部定时器 0	最高
定时器/计数器 0 溢出中断	
外部定时器 1	↓
定时器/计数器 1 溢出中断	
串行口中断	最低

5.1.3　中断控制

中断控制是指提供给用户使用的中断控制手段,实际上就是一些寄存器的位设置。在 80C51 单片机中,用于此目的的控制寄存器共有 4 个,即中断允许控制寄存器(IE)、中断优先级控制寄存器(IP)、定时器控制寄存器(TCON)以及串行口控制寄存器(SCON)。

上述 4 个控制寄存器都属于专用寄存器之列,可进行位寻址。这 4 个控制寄存器用于控制中断的允许与否、优先等级、中断信号形式等,用户通过设置其状态来管理中断系统。

向控制寄存器写入的内容称控制字,写入控制字的过程称为初始化,而这些可以通过初始
化写入控制字的端口称为可编程端口。80C51 的中断控制系统如图 5 – 3 所示。

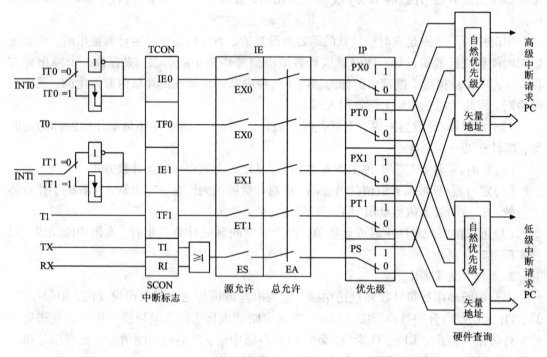

图 5 – 3　80C51 中断控制系统

1. 定时器控制寄存器 TCON

在中断系统中,采用何种中断,用何种方式触发,可通过特殊功能寄存器 TCON 来进
行控制。TCON 的字节地址为 88H,位地址为 8FH ~ 88H,TCON 中各位的位符号和对应的
位地址如下:

TCON (88H)	位地址	8FH	8EH	8DH	8CH	8BH	8AH	89H	88H
	位符号	TF1	TR1	TF0	TR0	IE1	IT1	IE0	IT0

在中断中用到的控制位是 TF0、TF1、IE0、IE1、IT0、IT1,其他控制位的含义在有关定
时器的内容中会提及。中断中用到的各控制位含义如下:

(1)TF0(TCON. 5)——定时器/计数器 0 溢出中断请求标志位

当计数器 0 产生计数溢出时,相应的溢出标志位由硬件置"1"。当转向中断服务时,
再由硬件自动清"0",也可以由程序查询后清"0"。

(2)TF1(TCON. 7)——定时器/计数器 1 溢出中断请求标志位

其含义与 TF0(TCON. 5)类同。当计数器 0 产生计数溢出时,相应的溢出标志位由硬
件置"1"。当转向中断服务时,再由硬件自动清"0",也可以由程序查询后清"0"。

(3)IE0(TCON. 1)——外部中断 0 中断请求标志位

当 CPU 采样到 INT0 端出现有效中断请求时,IE0 位由硬件置"1"。在中断响应完成后

转向中断服务时,再由硬件自动清"0"。

(4)IE1(TCON.3)——外部中断 1 中断请求标志位

其含义与 IE0(TCON.1)类同。当 CPU 采样到INT1 端出现有效中断请求时,IE1 位由硬件置"1"。在中断响应完成后转向中断服务时,再由硬件自动清"0"。

(5)IT0(TCON.0)——外中断 0 请求触发方式控制位

由软件置"1"或"0"。IT0 = 0,电平触发方式,低电平有效。CPU 在每个机器周期的 S5P2 采样INT0 引脚电平,当采样到低电平时,置 IE0 = 1,表示INT0 向 CPU 请求中断;采样到高电平时,将 IE0 清 0。必须注意:在电平触发方式下,CPU 响应中断时,不能自动清除 IE0 标志。也就是说,IE0 状态完全由INT0 状态决定。所以,在中断返回前必须撤除INT0的引脚的低电平。

IT0 = 1,脉冲触发方式,后沿负跳(从 1 到 0 的负跳变)有效。CPU 在每个机器周期的 S5P2 采样INT0 引脚电平,如果在连续的两个机器周期检测到INT0 引脚由高电平变为低电平,即第一个周期采样到INT0 = 1,第二个周期采样到INT0 = 0,则置 IE0 = 1,产生中断请求。在边沿触发方式下,CPU 响应中断时,能由硬件自动清除 IE0 标志。注意:采用这种触发方式时,外部中断输入高电平和低电平的时长均应至少保持一个机器周期,以保证 CPU 检测到从 1 到 0 的负跳变。

(6)IT1(TCON.2)——外中断 1 请求触发方式控制位

其含义与 IT0(TCON.0)类同。当 IT1 = 0,电平触发方式,低电平有效。CPU 在每个机器周期的 S5P2 采样INT1 引脚电平,当采样到低电平时,置 IE1 = 1,表示INT1 向 CPU 请求中断;采样到高电平时,将 IE1 清 0。必须注意:在电平触发方式下,CPU 响应中断时,不能自动清除 IE1 标志。也就是说,IE1 状态完全由INT1 状态决定。所以,在中断返回前必须撤除INT1 的引脚的低电平。

IT1 = 1,脉冲触发方式,后沿负跳(从 1 到 0 的负跳变)有效。CPU 在每个机器周期的 S5P2 采样INT1 引脚电平,如果在连续的两个机器周期检测到INT1 引脚由高电平变为低电平,即第一个周期采样到INT1 = 1,第二个周期采样到INT1 = 0,则置 IE1 = 1,产生中断请求。在边沿触发方式下,CPU 响应中断时,能由硬件自动清除 IE1 标志。注意:采用这种触发方式时,外部中断输入高电平和低电平的时长均应至少保持一个机器周期,以保证 CPU 检测到从 1 到 0 的负跳变。

2. 串行口控制寄存器 SCON

SCON 的字节地址为 98H,位地址为 9FH ~ 98H。SCON 中各位的位符号和对应的位地址如下:

SCON	位地址	9FH	9EH	9DH	9CH	9BH	9AH	99H	98H
(98H)	位符号	SM0	SM1	SM2	REN	TB8	RB8	TI	RI

在中断中用到的是 TI、RI,中断中各控制位的含义如下:

(1)TI(SCON.1)——串行口发送中断请求标志位

当 CPU 将一个发送数据写入串行接口发送缓冲器时,就启动了发送过程。每发送完一个串行帧数据后,由硬件置位 TI = 1,向 CPU 发出中断请求。需要注意的是,在 CPU 响应中断时，不能自动清除 TI，必须在中断服务程序中由软件对 TI 清除。

（2）RI（SCON. 0）——串行口接收中断请求标志位

当允许串行接口接收数据时，每接收完一个串行帧，由硬件置 RI = 1。同样需要注意的是，在 CPU 响应中断时，不能自动清除 RI，必须在中断服务程序中由软件对 RI 清除。

3. 中断允许控制寄存器 IE

CPU 对中断系统所有中断以及某个中断源的开放和屏蔽是由中断允许寄存器 IE 控制的。IE 的字节地址为 0A8H，位地址为 0AFH ~ 0A8H。IE 中各位的位符号和对应的位地址如下：

IE (0A8H)	位地址	0AFH	0AEH	0ADH	0ACH	0ABH	0AAH	0A9H	0A8H
	位符号	EA	/	/	ES	ET1	EX1	ET0	EX0

IE 的状态可通过程序由软件设定。某位设定为 1，相应的中断源中断允许；某位设定为 0，相应的中断源中断屏蔽。CPU 复位时，IE 各位清"0"，即 IE = 00H，禁止所有中断。在中断中用到的是 EA、ES、ET1、EX1、ET0、EX0，中断中各控制位的含义如下：

（1）EA（IE.7）——中断允许总控制位

当 EA = 0 时，禁止所有中断；EA = 1 时，中断总允许，各中断的禁止或允许由各中断源的中断允许控制位进行设置。

（2）ES（IE.4）——串行口中断允许位

当 ES = 1 时，表示允许串行口中断；ES = 0 时，表示禁止串行口中断。

（3）ET1（IE.3）——定时器/计数器 T1 的溢出中断允许位

当 ET1 = 0 时，禁止 T1 中断；ET1 = 1 时，允许 T1 中断。

（4）EX1（IE.2）——外部中断 1 的中断允许位

当 EX1 = 0 时，禁止外部中断 1 中断；EX1 = 1 时，允许外部中断 1 中断。

（5）ET0（IE.1）——定时器/计数器 T0 的溢出中断允许位

当 ET0 = 0 时，禁止 T0 中断；ET0 = 1 时，允许 T0 中断。

（6）EX0（IE.0）——外部中断 0 的中断允许位

当 EX0 = 0 时，禁止外部中断 0 中断；EX0 = 1 时，允许外部中断 0 中断。

中断允许控制寄存器 IE 对中断的开放和关闭实行两级控制。即以 EA 位作为总控制位，以各中断源的中断允许位作为分控制位。当总控制位为禁止时，关闭整个中断系统，不管分控制位状态如何，整个中断系统为禁止状态；当总控制位为允许时，开放中断系统，这时才能由各分控制位设置各自中断的允许与禁止。单片机在中断响应后不会自动关闭中断。因此在转向中断服务程序后，应根据需要使用有关指令禁止中断，即以软件方式关闭中断。

4. 中断优先级控制寄存器 IP

80C51 的中断系统具有两个中断优先级，可实现两级中断服务嵌套。各中断源的优先级由软件设定中断优先级寄存器 IP 中的相应位的状态来决定。某位设定为"1"，则相应的中断源为高优先级中断；否则，相应的中断源为低优先级中断。单片机复位时，IP 各位清"0"，IP = 00H，各中断源同为低优先级中断。IP 寄存器地址为 0B8H，位地址为 0BFH ~

0B8H。IP 中各位的位符号和对应的位地址如下：

IP（0B8H）	位地址	0BFH	0BEH	0BDH	0BCH	0BBH	0BAH	0B9H	0B8H
	位符号	/	/	/	PS	PT1	PX1	PT0	PX0

在中断中用到的控制位是 PS、PT1、PX1、PT0、PX0，中断中各控制位的含义如下：

（1）PS（IP.4）——串行口的中断优先级控制位

当 PS = 0 时，定义为低优先级；PS = 1 时，定义为高优先级。

（2）PT1（IP.3）——定时器/计数器 T1 中断优先级定义位

当 PT1 = 0 时，定义为低优先级；PT1 = 1 时，定义为高优先级。

（3）PX1（IP.2）——外部中断 1 的优先级定义位

当 PX1 = 0 时，定义为低优先级；PX1 = 1 时，定义为高优先级。

（4）PT0（IP.1）——定时器/计数器 T0 中断优先级定义位

当 PT0 = 0 时，定义为低优先级；PT0 = 1 时，定义为高优先级。

（5）PX0（IP.0）——外部中断 0 的优先级定义位

当 PX0 = 0 时，定义为低优先级；PX0 = 1 时，定义为高优先级。

需要注意的是，80C51 单片机的中断优先级的原则有如下 3 条：

①CPU 同时接收到几个中断时，首先响应优先级最高的中断请求；如果同级的多个中断请求同时出现，则按 CPU 查询次序确定的中断优先权排队来响应哪个中断请求。

②正在进行的中断过程不能被新的同级或低优先级的中断请求所中断。

③正在进行的低优先级中断服务能被后来的高优先级中断请求所中断，从而实现两级中断嵌套服务。

5.1.4　中断过程

80C51 的中断过程包括中断请求、中断响应、中断处理和中断返回。整个中断过程都是在 CPU 的控制下有序地进行，下面按顺序叙述单片机中断的全过程。

1. 中断请求

（1）外中断采样

采样是中断处理的第一步，它是针对外中断请求信号进行的，因为这类中断发生在单片机芯片的外部，要想知道有没有外中断请求发生，采样是唯一可行的方法。采样是对芯片引脚$\overline{INT0}$（P3.2）和$\overline{INT1}$（P3.3）在每个机器周期的 S5P2 进行的，根据采样结果来设置 TCON 寄存器中响应标志位的状态，也就是把外中断请求锁定在这个寄存器中。外中断请求的方式有如下 2 种：

①电平方式的外中断请求

电平方式的外中断请求，以低电平有效。在采样过程中，若采样到高电平，表明没有中断请求，TCON 寄存器的外中断请求标志位 IE0 或 IE1 仍为"0"；若采样到低电平，说明有中断请求，应使 IE0 或 IE1 置"1"。采样是直接对中断请求信号进行的，信号电平需至少保持 1 个机器周期才可确保中断请求被采样到。

②脉冲方式的外中断请求

脉冲方式的外中断请求，以下降沿有效。若在两个相邻机器周期采样到的是先高电平后低电平，则中断请求有效，应使 IE0 或 IE1 置"1"；否则 IE0 或 IE1 仍为"0"。此方式的外部中断请求，负脉冲的宽度也至少应为 1 个机器周期，才可使负脉冲的跳变被采样到。

（2）中断查询

80C51 通过采样或直接置位，是要把中断请求汇集到定时器控制寄存器 TCON 和串行口控制寄存器 SCON 中，以便 CPU 对中断的查询。所谓查询，就是由 CPU 检测 TCON 和 SCON 中各标志位的状态，以确定有没有中断请求发生以及是哪个中断请求。80C51 单片机是在每一个机器周期的最后一个状态，按优先级顺序对中断请求标志位进行查询，即先查询高级中断后再查询低级中断，在同级中断之间，按"外部中断 0→定时中断 0→外部中断 1→定时中断 1→串行中断"的顺序查询。查询到有标志位为"1"，则表明有中断请求发生，接着就从相邻的下一个机器周期的 SI 状态开始进行中断响应。

中断请求是随机发生的，CPU 无法预先得知，因此在程序执行过程中，中断查询要在指令执行的每个机器周期中不停地重复进行。

2. 中断响应

中断响应是指 CPU 检测到中断请求信号后，在满足条件下对其进行响应。中断响应是对中断源提出的中断请求的接受，在中断查询之后进行的。

（1）中断响应条件

①该中断已经"开中"，即中断源的中断允许位为"1"且 CPU 总中断开通（即 EA = 1）；

②CPU 此时没有响应同级或更高级的中断；

③当前正处于所执行指令的最后一个机器周期；

④正在执行的指令不是 RETI 或者是访问 IE、IP 的指令，否则必须再另外执行一条指令后才能响应。

这 4 个条件都满足时，CPU 才会响应中断。当查询到符合条件、有效的中断请求时，紧跟着就进行中断响应。若由于上述条件的阻碍中断未能得到响应，当条件消失时该中断标志位却已不再有效，即中断查询结果不具有记忆性，查询过程在下一个机器周期将重新进行。

中断响应的任务是由硬件自动生成一条长调用指令 LCALL。其格式为 LCALL addr 16，这里的 addr16 就是程序存储器 ROM 中断区中相应中断的入口地址。在 80C51 单片机中，这些入口地址已由系统设定，即 0003H ~ 002AH 分为 5 个区共 40 个单元。例如，对于外部中断 1 的响应，产生的长调用指令为：

LCALL 0013H

生成 LCALL 指令后，由 CPU 立即执行。首先将程序计数器 PC 的内容压入堆栈以保护断点，再将中断入口地址装入 PC，使程序执行转向相应的中断区入口地址。但各中断区只有 8 个单元，一般情况下难于安排下一个完整的中断服务程序。因此通常在各中断区入口地址处放置一条无条件转移指令，使程序执行转向在其他地址存放的中断服务程序。

（2）中断响应时间

中断响应时间是指从外部中断请求有效到转向中断区入口地址所需要的时间，中断响应时间用这期间的机器周期数来计算。

在 80C51 单片机中，若 M1 周期的 S5P2 前某中断生效，在 S5P2 期间其中断请求被锁存到相应的标志位中去。接着标志查询占 1 个机器周期 M2，而这个机器周期又恰好是指令的最后一个机器周期，且该指令不是 RET、RETI 或访问 IE、IP 的指令。这个机器周期结束后产生 LCALL 指令，中断即被响应。

另外，如果中断响应过程受阻，就要增加等待时间。若同级或高级中断正在进行，所需要的附加等待时间取决于正在执行的中断服务程序的长短，等待的时间不确定。

中断响应时间的长短通常无需考虑。只有在实时控制精确定时的应用场合，才需要知道中断响应时间，以保证定时的精确控制。

（3）中断请求的撤消

中断响应后，TCON 或 SCON 中的中断请求标志应及时清除；否则就意味着中断请求仍然存在，会造成中断的重复查询和响应，从而引起误中断。因此，就存在一个中断请求的撤消问题。

80C51 中各中断源的中断请求撤消方法各不相同，下面按中断类型分别说明中断请求的撤消方法。

①定时中断请求的撤消

CPU 响应中断请求后，由硬件自动把相应的中断请求标志位（TF0 或 TF1）清"0"，因此定时中断的中断请求是自动撤消的，不需要采取其他措施。

②脉冲方式外部中断请求的撤消

外部中断的撤消与触发方式控制位的设置有关。

对于边沿触发的外部中断，CPU 在响应中断后，由硬件自动清除相应的标志位，使中断请求自动撤消。

对于电平方式的外部中断，中断标志的撤消是自动的，但中断请求信号的低电平可能继续存在，在以后机器周期采样时，又会把已清"0"的 IE0 或 IE1 标志位重新置"1"。为此，要彻底解决电平方式外中断的撤消，除了标志位清"0"之外，必要时还需在中断响应后把中断请求信号引脚从低电平强制改变为高电平。因此，电平方式外部中断请求信号的撤消，是通过软件方法实现的。结合中断标志位的自动清"0"，电平方式中断的完全撤消是通过软硬件相结合的方法来实现的。

③串行中断软件撤消

串行中断请求的撤消只有标志位清"0"的问题。CPU 响应后，硬件不能进行自动清"0"。因为在中断响应后，还需测试这两个标志位的状态，以判断是接收操作还是发送操作，然后才能清除。所以串行中断请求的撤消也应使用软件方法，在中断服务程序中进行。

3. 中断处理

中断处理的主要内容有：保护现场、中断服务和恢复现场。

（1）现场保护

现场是指中断时单片机的存储单元中的数据或状态。为了使中断服务程序的执行不破坏这些数据或状态，以免在中断结束后影响主程序的运行，因此要把它们送入堆栈中保存起来，这就是现场保护。在现场保护时不允许再有中断访问，因此在中断服务前将相应的优先级状态触发器置"1"（以阻断后来的同级或低级中断请求），此时机器处于禁止中断的状态。现场保护好后，应当打开中断系统。

（2）中断服务

CPU 执行中断程序的过程称为中断服务。中断服务是中断的核心内容和具体目的。在中断执行过程中又可能有新的中断请求，但对于重要的中断，必须执行到底，不允许被其他的中断所嵌套。对此，除使用制定中断优先级的办法外，还可以采用关闭中断的方法来解决。即在现场保护之前先关闭中断系统，彻底屏蔽其他中断请求，待中断处理完成后再打开中断系统。

也有些情况是中断处理可以被打扰，但现场的保护和恢复不允许打扰，以免现场被破坏，为此应在现场保护和现场恢复的前后进行关开中断。这样做的结果是除现场保护和恢复的片刻外，仍然保持着系统的中断嵌套功能。80C51 的中断关和开可通过 CLR 和 SETB 指令复位（清"0"）、置位（置"1"）中断允许控制寄存器中的有关位来实现。

（3）恢复现场

中断服务程序完成后，继续执行原来的程序，就需要把保存的现场内容从堆栈中弹出，恢复寄存器和存储单元的原有内容，这就是现场恢复。如果在执行中断服务时，不恢复现场，会使程序运行紊乱，导致单片机不能正常工作。

4．中断返回

在中断返回时，CPU 的执行过程如图 5 – 4 所示。

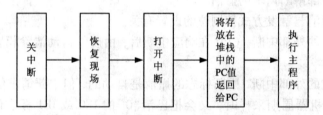

图 5 – 4　中断返回过程时 CPU 的执行过程

中断服务程序的最后一条指令必须是中断返回指令 RETI。此指令能使 CPU 结束中断服务程序的执行，返回到被中断的程序处，继续执行主程序。执行中断返回指令 RETI 时完成：

（1）将中断响应时压入堆栈保存的断点地址从栈顶弹出送回 PC，引导 CPU 从原来中断的地方继续执行被中断的程序；

（2）将相应中断优先级状态触发器清 0，通知中断系统，中断服务程序已执行完毕。

为保证能正确地实现中断返回，在中断处理程序中，保护现场与恢复现场的指令必须对称，而且入栈指令与出栈指令必须对称，保证在执行 RETI 之前，堆栈顶部两个字节的内容为保护的断点。

5.1.5　中断应用实例

例 5.1　通过 P1.0 ~ P1.7 控制发光二极管，输出两种节能灯，并利用$\overline{INT0}$（P3.2），在两种状态间切换。

分析：

主程序状态：亮 1 灯左移循环；

中断程序中的状态：以 1 秒的间隔依次点亮 8 个 LED 灯，再依次熄灭，循环 3 次后返回。

主程序如下：

```
            ORG 0000H
            LJMP MAIN
            ORG 0003H              ;中断入口
            LJMP 0100H
            ORG 0030H
START：     MOV SP, #60H
            SETB IT0               ;设定负跳变沿有效
            SETB EX0               ;开中断
            SETB EA
            MOV IP, #01H           ;设中断级别
            MOV A, #01H
LOOP：      MOV P1, A
            RL A
            LCALL DELAY
            AJMP LOOP
```

中断服务程序：

```
            ORG 0100H
            PUSH ACC
            CLR A
            MOV R0, #00H
LOOP1：     SETB C
            RLC A
            MOV P1, A
            LCALL DELAY
            JNB ACC.7, LOOP1
LOOP2：     CLR C
            RLC A
            MOV P1, A
            LCALL DELAY
            JB ACC.7, LOOP2
            INC R0
            CJNE R0, #03H, LOOP1
            POP ACC
            RET
DELAY：     ……                    ;1秒延时
```

在该程序中，中断程序流程图如图 5 - 5 所示。

例 5.2　单步工作方式示例。

80C51 有一种单步工作方式，所谓单步执行就是由外来脉冲控制程序的执行，使之达到来一个脉冲就执行一条指令的目的。而外来脉冲是通过按键产生的，因此实际上单步执

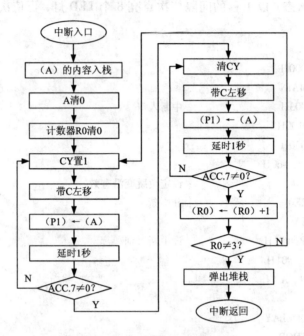

图 5 – 5　中断程序流程图

行就是一次按键执行一条指令，单片机执行是借助单片机的外部中断功能来实现的。

　　假定利用外部中断 0 来实现程序的单步执行，为此应事先做好两项准备工作：

　　（1）建立单步执行的外部控制电路，以按键产生脉冲作为外部中断 0 的中断请求信号，经$\overline{\text{INT0}}$ 端输入。并把电路设计成不按键为低电平，按一次键产生一个正脉冲。此外还需要在初始化程序中定义$\overline{\text{INT0}}$ 低电平有效。

　　（2）编写外部中断 0 的中断服务程序：

JNB　P3.2, $ ；$\overline{\text{INT0}}$ =0 则"原地踏步"

JB　P3.2, $ ；$\overline{\text{INT0}}$ =1 则"原地踏步"

RETI

　　这样，在没有按键的时候，$\overline{\text{INT0}}$ =0，中断请求有效，单片机响应中断，但转入中断服务程序后，只能在它的第一条指令上"原地踏步"。只有按一次单步键，产生正脉冲使$\overline{\text{INT0}}$ =1，才能通过第一条指令而到第二条指令上去"踏步"。当正脉冲结束后，再结束第二条指令通过第三条指令返回主程序。这是因为 80C51 的中断机制有这样一个特点：即从中断服务程序返回主程序后，至少要执行一条指令，然后才能再响应新的中断。为此单片机从上述中断 0 的中断服务程序返回主程序后，能且只能执行一条指令。因为这时$\overline{\text{INT0}}$ 已为低电平，外部中断 0 请求有效，单片机就再一次中断响应，并进入中断服务程序去踏步，从而实现了主程序的单步执行。

5.2　80C51 单片机的定时器/计数器系统

5.2.1　定时器/计数器概述

在控制系统中，经常要求有一些实时时钟以实现定时或延时控制，如定时中断、定时检测、定时扫描等；在实际应用中也往往要求有计数器对外部事件计数。所以，几乎所有的单片机都集成了定时器/计数器。

所谓定时器/计数器，是指为了让单片机使用方便并增加一些功能，把定时电路集成在芯片中，这样就形成了定时器/计数器。且片内集成两个可编程的定时器/计数器：T0 和 T1。它们既可以工作于定时模式，也可以工作于外部事件计数模式。此外，T1 还可以作为串行接口的波特率发生器。

在单片机的控制应用中，要实现定时或延时功能，有 3 种主要方法：软件定时、硬件定时、可编程定时器。

（1）软件定时：软件定时靠执行一个循环的程序来进行时间延迟，延迟时间可通过选择指令和安排循环次数来实现。软件定时的特点是时间精确，且不需外加硬件电路。但要占用 CPU，降低了 CPU 的利用率，因此软件定时的时间不宜太长。

（2）硬件定时：对于时间较长的定时，常使用硬件定时电路来完成。硬件定时方法的特点是定时功能全部由硬件电路完成，不占 CPU 时间。这样的定时电路简单，可通过修改电路中的元件参数来调节定时时间，但硬件连接好以后，定时值及定时范围不能由软件进行控制和修改，即不可编程。因此这种方法在使用上不够灵活方便。

（3）可编程定时器：这种定时方法是通过对系统时钟脉冲的计数来实现的。计数值通过程序来设定，改变了计数值，也就改变了定时时间，使用既灵活又方便。此外，由于采用计数方法实现定时，因此可编程定时器都兼有计数功能，可以对外来脉冲进行计数。

5.2.2　定时器/计数器结构及工作原理

1. 定时器/计数器的结构

80C51 单片机内部有两个 16 位可编程的定时器/计数器，分别称定时器/计数器 0（T0）和定时器/计数器 1（T1），它们都是 16 位加法（加 1）计数器结构，由高 8 位和低 8 位两个专用寄存器组成：即 T0 由 TH0（地址 8CH）和 TL0（地址 8AH）构成；T1 由 TH1（地址 8DH）和 TL1（地址 8BH）构成。

此外，80C51 单片机定时器/计数器内部还有一个 8 位的定时器方式寄存器 TMOD 和一个 8 位的定时控制寄存器 TCON。TMOD 是定时器/计数器的工作方式寄存器，由它确定定时器/计数器的工作方式和功能；TCON 是定时器/计数器的控制寄存器，用于控制 T0、T1 的启动和停止，也可以保存 T0、T1 的溢出和中断标志。

80C51 单片机定时器/计数器的结构图如图 5 - 6 所示。

2. 定时器/计数器的工作原理

80C51 单片机定时器/计数器实质上就是一个加 1 计数器，具有定时和计数两种功能。

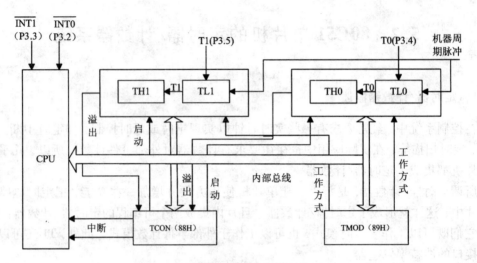

图 5 - 6　定时器/计数器的结构图

定时器/计数器的输入计数脉冲有两个来源:一个是由系统的时钟振荡器输出脉冲经 12 分频后送来;一个是 T0 或 T1 脚输入的外部脉冲源。每来一个脉冲计数器加 1,当加到计数器全部为 1 时,再输入一个脉冲就使计数器回零,且计数器的溢出使 TCON 中 TF0 或 TF1 置"1",在定时器/计数器中断允许时,向 CPU 发出中断请求。如果定时器/计数器工作于定时模式,则表示定时时间已到;如果工作于计数模式,则表示计数值已满。可见,由溢出时计数器的值减去计数初值才是加 1 计数器的计数值。

当定时器/计数器为计数的工作模式时,通过引脚 T0(P3.4)和 T1 (P3.5)对外部信号进行计数。外部脉冲的下降沿触发计数。单片机在每个机器周期的 S5P2 期间对外部计数脉冲进行采样。如果前一个机器周期采样为高电平 1,后一个机器周期采样为低电平 0,即为一个有效的计数脉冲,则计数器加 1,更新的计数值在下一个机器周期的 S3P1 期间装入计数器。由于采样计数脉冲是 2 个机器周期进行的,因此要求被采样的电平至少要维持一个机器周期,即最高计数频率为振荡频率的 1/24。例如,晶振频率为 12 MHz 时,最高计数频率为 1/2 MHz。

当定时器/计数器为定时的工作模式时,也是通过计数器的计数来实现的,不过此时的计数脉冲来自单片机的内部机器周期(1 个机器周期 = 12 个振荡周期,即计数频率为晶振频率的 1/12)。也就是每个机器周期计数器加 1,直到计满溢出为止。计数值乘以机器周期就是定时时间。例如,晶振频率为 12 MHz 时,则计数频率为 1 MHz,即每微秒计数器加 1。这样不但可以根据计数值计算出定时时间,也可以反过来按定时时间的要求计算出计数器的预置值。

5.2.3　定时器/计数器的控制

80C51 单片机定时器/计数器的工作由两个特殊功能寄存器控制,即工作方式控制寄存器 TMOD 和定时控制寄存器 TCON。TMOD 用于设置其工作方式;TCON 用于控制其启动和中断申请。

1. 定时工作方式寄存器(TMOD)

TMOD 寄存器是一个专用寄存器,用于设定两个定时器/计数器的工作方式。TMOD 寄存器的字节地址为 89H,但 TMOD 不能进行位寻址操作,因此表中没有位地址,只能用字节传送指令设置其内容,CPU 复位时 TMOD 所有位清"0",一般应重新设置其内容。TMOD 的格式如下:

	/	定时器 1				定时器 0			
TMOD (89H)	位序号	D7	D6	D5	D4	D3	D2	D1	D0
	位符号	GATE	C/($\overline{T}$)	M1	M0	GATE	C/($\overline{T}$)	M1	M0

由上表可见,TMOD 的高 4 位用于 T1,低 4 位用于 T0,4 种符号的含义如下:

(1)GATE——门控位

当 GATE = 0 时,只要用软件使 TCON 中的 TR0 或 TR1 为"1",就可以启动定时器/计数器工作;当 GATA = 1 时,用软件使 TR0 或 TR1 为"1",同时外部中断引脚的 $\overline{INT0}$ 或 $\overline{INT1}$ 也为高电平时,才能启动定时器/计数器工作,即启动加上了 $\overline{INT0}$ 或 $\overline{INT1}$ 引脚为高电平这一条件。

(2)C/($\overline{T}$)——定时器/计数器选择位

当 C/($\overline{T}$) = 0 为定时器工作方式;当 C/($\overline{T}$) = 1 为计数器工作方式。

(3)M1 和 M0——工作方式选择位

定时器/计数器有 4 种工作方式,由 M1M0 进行设置,如表 5-2 所示。

表 5-2　M1、M0 控制的 4 种工作方式

M1	M0	工作方式	功能描述
0	0	方式 0	13 位计数器
0	1	方式 1	16 位计数器
1	0	方式 2	两个 8 位计数器,初值自动装入
1	1	方式 3	T0:分成两个 8 位计数器;T1:停止计数

2. 定时控制寄存器(TCON)

TCON 寄存器用于控制定时器的启、停,标志定时器溢出和中断情况,既参与中断控制,又参与定时控制。TCON 寄存器的字节地址为 88H,位地址(由低位到高位)为 88H ~ 8FH,由于有位地址,十分便于进行位操作。TCON 的格式如下:

	位序号	D7	D6	D5	D4	D3	D2	D1	D0
TCON (88H)	位地址	8FH	8EH	8DH	8CH	8BH	8AH	89H	88H
	位符号	TF1	TR1	TF0	TR0	IE1	IT1	IE0	IT0

TCON 寄存器中的高 4 位是有关定时的控制位,其定义如下:

TF1(TCON.7)——定时器 1 溢出标志位

当定时器 1 计满溢出时，由硬件使 TF1 置"1"，并且申请中断。进入中断服务程序后，由硬件自动清"0"，在查询方式下用软件清"0"。

TR1(TCON.6)——定时器 1 运行控制位

当 TR1 = 0 时，停止 T1 定时器/计数器的工作；当 TR1 = 1 时，启动 T1 定时器/计数器的工作。此位由软件置"1"或清"0"，所以，用软件控制定时器/计数器的启动与停止。

TF0(TCON.5)——定时器 0 溢出标志

当定时器 0 计满溢出时，由硬件使 TF0 置"1"，并且申请中断。进入中断服务程序后，由硬件自动清"0"，在查询方式下用软件清"0"。

TR0(TCON.4)——定时器 0 运行控制位

当 TR0 = 0 时，停止 T0 定时器/计数器的工作；当 TR0 = 1 时，启动 T0 定时器/计数器的工作。此位由软件置"1"或清"0"，所以，用软件控制定时器/计数器的启动与停止。

5.2.4　定时器/计数器的工作方式及其应用实例

80C51 单片机定时器/计数器 T0 有 4 种工作方式(方式 0、1、2、3)，T1 有 3 种工作方式(方式 0、1、2)。除了方式 3 外，T0 和 T1 的工作状态完全相同。为了简述，下面以定时器/计数器 T0 为例，进行介绍各种工作方式的特点和用法。

1. 工作方式 0

当 TMOD 的 M1M0 为 00 时，T0 的工作方式为方式 0。方式 0 为 13 位计数器，由 TH0 的 8 位和 TL0 的低 5 位组成。方式 0 的逻辑结构图如图 5 - 7 所示，当 GATE = 0 时，只要 TCON 中的 TR0 为 1，13 位计数器就开始计数；当 GATE = 1，同时 TR0 = 1 时，13 位计数器是否计数取决于 $\overline{INT0}$ 引脚信号，当 $\overline{INT0}$ 由 0 变 1 时开始计数，当 $\overline{INT0}$ 由 1 变为 0 时停止计数。

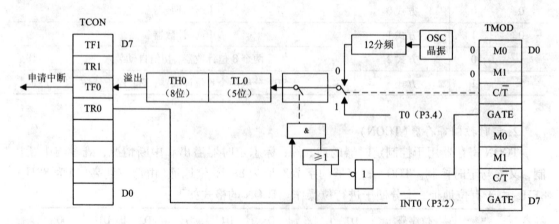

图 5 - 7　方式 0 的逻辑结构图

TL0 的低 5 位溢出时向 TH0 进位，当全部 13 位计数溢出时，则使 TCON 中的计数溢出标志位 TF0 置"1"，同时将计数器清"0"，向 CPU 发出中断请求。

在方式 0 下，当为计数工作方式时，计数值的范围是：$0 \sim 8191(2^{13} - 1)$。

当为定时工作方式时，定时时间 t 的计算公式为：
$$t = (2^{13} - 计数初值\ X) \times 晶振周期 \times 12$$
$$或 \quad t = (2^{13} - 计数初值\ X) \times 机器周期\ T_{CY}$$

其时间单位与晶振周期或机器周期相同（μs）。如 12 MHz 晶振的最小定时时间为：$1 \times$ 机器周期 $T_{CY} = 1\ \mu s$；最大定时时间为：$8192 \times$ 机器周期 $T_{CY} = 8192\ \mu s$。以上是以加法计数和溢出停止为前提的。

其中，计数个数 N 与计数初值 X、计数个数 N 与定时时间 t、计数初值 X 与定时时间 t 存在如下关系：
$$X = 2^{13} - N$$
$$N = t/T_{CY}$$
$$X = 2^{13} - t/T_{CY}$$

式中，T_{CY} 为机器周期（$T_{CY} = 晶振周期 \times 12$）。

例5.3 设某单片机系统的外接晶振频率为 6 MHz，使用定时器 1 以方式 0 产生周期为 500 μs 的等宽正方波连续脉冲，并由 P1.0 输出。以查询方式完成。

（1）计算计数初值

欲产生 500 μs 的等宽正方波脉冲，只需在 P1.0 端以 250 μs 为周期交替输出高低电平即可实现，为此定时时间应为 250 μs。使用 6 MHz 晶振，根据上例的计算，可知一个机器周期为 2 μs。方式 0 为 13 位计数结构。设待求的计数初值为 X，则：
$$(2^{13} - X) \times 2 \times 10^{-6} = 250 \times 10^{-6}$$

求解得
$$X = 2^{13} - (250 \div 2) = 8067。$$

二进制数表示为 1111110000011。十六进制表示，高 8 位为 0FCH，放入 TH1，即 TH1 =0FCH；低 5 位为 03H，放入 TL1，即 TL1 =03H。

（2）TMOD 寄存器初始化

为把定时器/计数器 1 设定为方式 0，则 M1M0 = 00；为实现定时功能，应使 $C/\overline{T} = 0$；为实现定时器/计数器 1 的运行控制，则 GATE = 0。定时器/计数器 0 不用，有关位设定为 0。因此 TMOD 寄存器应初始化为 00H。

（3）由定时器控制寄存器 TCON 中的 TR1 位控制定时器的启动和停止：

TR1 = 1 启动；TR1 = 0 停止。

（4）程序设计：

```
        MOV TMOD, #00H      ;设置 T1 为工作方式 0
        MOV TH1, #0FCH      ;设置计数初值
        MOV TL1, #03H
        MOV IE, #00H        ;禁止中断
LOOP:   SETB TR1            ;启动定时
        JBC TF1, LOOP1      ;查询计数溢出
        AJMP LOOP
LOOP1:  MOV TH1, #FCH       ;重新设置计数初值
        MOV TL1, #03H
        CLR TF1             ;计数溢出标志位清 0
```

```
CPL P1.0                        ;输出取反
AJMP LOOP                       ;重复循环
```

2. 工作方式 1

当 M1M0 为 01 时，T0 工作于方式 1，方式 1 为 16 位计数器，由 TH0 的 8 位和 TL0 的 8 位组成。方式 1 的逻辑结构图如图 5 – 8 所示，当 GATE = 0 时，只要 TCON 中的 TR0 为 1，16 位计数器就开始计数；当 GATE = 1，同时 TR0 = 1 时，16 位计数器是否计数取决于 $\overline{INT0}$ 引脚信号，当 $\overline{INT0}$ 由 0 变 1 时开始计数，当 $\overline{INT0}$ 由 1 变为 0 时停止计数。

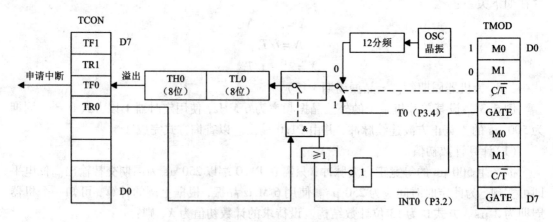

图 5 – 8　方式 1 的逻辑结构图

TL0 的 8 位溢出时向 TH0 进位，当全部 16 位计数溢出时，则使 TCON 中的计数溢出标志位 TF0 置"1"，同时将计数器清"0"，向 CPU 发出中断请求。

在方式 1 下，当为计数工作方式时，计数值的范围是：$0 \sim 65535(2^{16} - 1)$。

当为定时工作方式时，定时时间 t 的计算公式为：

$$t = (2^{16} - \text{计数初值 } X) \times \text{晶振周期} \times 12$$

$$或\quad t = (2^{16} - \text{计数初值 } X) \times \text{机器周期 } T_{CY}$$

其时间单位与晶振周期或机器周期相同（μs）。其中，计数个数 N 与计数初值 X 存在如下关系：

$$X = 2^{16} - N$$

例 5.4　某单片机系统外接晶振频率为 6 MHz，使用定时器 1 以工作方式 1 产生周期为 500 μs 的等宽连续正方波脉冲，并在 P1.0 端输出，但以中断方式完成。

（1）计算计数初值

$$TH1 = 0FFH, \ TL1 = 83H$$

（2）TMOD 寄存器初始化

$$TMOD = 10H$$

（3）程序设计：

```
MOV TMOD, #10H          ;定时器 1 工作于方式 1
MOV TH1, #0FFH          ;设置计数初值
MOV TL1, #083H
SETB EA                 ;开中断
```

```
              SETB ET1                    ;定时器 1 允许中断
LOOP：        SETB TR1                    ;定时开始
HERE：        SJMP  $                     ;等待中断
.中断服务程序：
              MOV TH1, #0FFH              ;重新设置计数初值
LOOP1：       MOV TL1, #083H
              CPL P1.0                    ;输出取反
              RETI                        ;中断返回
```

3. 工作方式 2

当 M1M0 为 10 时，T0 工作于方式 2，方式 2 是自动重装初值的 8 位计数器，由 TL0 的 8 位组成。方式 2 的逻辑结构图如图 5-9 所示。其中，TH0 仅用来存放时间常数。启动 T0 前，TL0 和 TH0 装入相同的时间常数，当 TL0 计满后，不是像前两种工作方式那样通过软件方法，而是由预置寄存器 TH0 以硬件方法自动给计数器 TL0 重装初值，变软件重装为硬件重装。同时硬件置位 TF0 为"1"，向 CPU 发出中断请求。

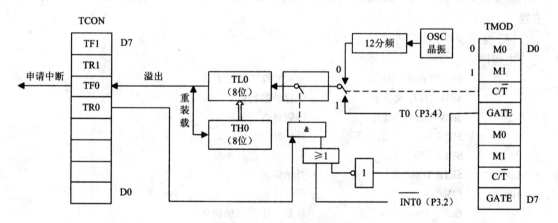

图 5-9　方式 2 的逻辑结构图

在方式 2 下，只有 8 位计数结构，计数值的范围是：$0 \sim 255(2^8 - 1)$。

计数个数 N 与计数初值 X 存在如下关系：

$$X = 2^8 - N$$

例 5.5　使用定时器 0 以工作方式 2 产生 100 μs 定时，在 P1.0 输出周期为 200 μs 的连续正方波脉冲，已知晶振频率 $f_{osc} = 6$ MHz。

（1）计算计数初值

6 MHz 晶振下，一个机器周期为 2 μs，以 TH0 作重装载的预置寄存器，TL0 作 8 位计数器，假设计数初值为 X，则：

$$(2^8 - X) \times 2 \times 10^{-6} = 100 \times 10^{-6}$$

求解得

$$X = 206D = 11001110B = 0CEH$$

把 0CEH 分别装入 TH0 和 TL0 中：

$$TH0 = 0CEH, \quad TL0 = 0CEH$$

（2）TMOD 寄存器初始化

定时器/计数器 0 为工作方式 2，M1M0＝10；为实现定时功能，C/($\overline{T}$)＝0；为实现定时器/计数器 0 的运行，GATE＝0；定时器/计数器 1 不用，有关位设定为 0。综上情况 TMOD 寄存器的状态应为 02H。

（3）程序设计（查询方式）

```
        MOV IE, #00H          ; 禁止中断
        MOV TMOD, #02H        ; 设置定时器 0 为方式 2
        MOV TH0, #0CEH        ; 保存计数初值
        MOV TL0, #0CEH        ; 设置计数初值
        SETB TR0              ; 启动定时
LOOP:   JBC  TF0, LOOP1       ; 查询计数溢出
        AJMP LOOP
LOOP1:  CPL  P1.0             ; 输出方波
        AJMP LOOP             ; 重复循环
```

由于方式 2 具有自动重装载功能，因此计数初值只需设置一次，以后不再需要软件重置。

（4）程序设计（中断方式）

主程序：

```
        MOV TMOD, #02H        ; 定时器 0 工作于方式 2
        MOV TH0, #0CEH        ; 保存计数初值
        MOV TL0, #0CEH        ; 设置计数初值
        SETB EA               ; 开中断
        SETB ET0              ; 定时器 0 允许中断
LOOP:   SETB TR0              ; 开始定时
HERE:   SJMP $                ; 等待中断
        CLP  TF0              ; 计数溢出标志位清 0
        AJMP LOOP
```

中断服务程序：

```
        CPL P1.0              ; 输出方波
        RETI                 ; 中断返回
```

例 5.6 用定时器 1 以工作方式 2 实现计数，每计 100 次进行累加器加 1 操作。

（1）计算计数初值

$$2^8 - 100 = 156D = 9CH$$

把 9CH 分别装入 TH1 和 TL1 中：

$$TH1 = 09CH, TL1 = 9CH$$

（2）TMOD 寄存器初始化

$$M1M0 = 10, C/\overline{T} = 1, GATE = 0$$

因此   TMOD = 60H

（3）程序设计

```
        MOV IE, #00H          ; 禁止中断
        MOV TMOD, #60H        ; 设置计数器 1 为方式 2
```

	MOV TH1，#9CH	；保存计数初值
	MOV TL1，#9CH	；设置计数初值
	SETB TR1	；启动计数
DEL：	JBC TF1, LOOP	；查询计数溢出
	AJMP DEL	
LOOP：	INC A	；累加器加 1
	AJMP DEL	；循环返回

4. 工作方式 3

当 M1M0 为 11 时，定时器/计数器工作于方式 3。此时，定时器/计数器 0 与定时器/计数器 1 的工作方式互不相同，下面我们分别进行讨论。

若将 T0 设置为方式 3，TH0 和 TL0 被分成两个独立的 8 位计数器，其逻辑结构图如图 5-10 所示。

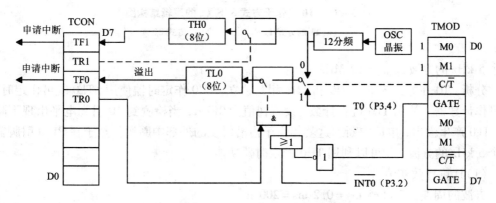

图 5-10 T0 在方式 3 时的逻辑结构图

其中，TL0 既可以计数使用，又可以定时使用。T0 的各控制位和引脚信号全归 TL0 使用。除仅用 8 位寄存器外，TL0 的功能和操作与方式 0 或方式 1 基本相同，且电路结构也极其类似。而 T0 的另一半 TH0，则只有简单的定时功能，不能进行外部计数。TH0 占用定时器/计数器 T1 的控制位 TR1 和 TF1。即 TH0 的计数溢出，TF1 置"1"。而 TH0 定时的启动、停止受 TR1 控制。

定时器 T1 无工作方式 3 状态，若将 T1 设置为方式 3，T1 立即停止计数，保持原有的计数值，其作用相当于 TR1 = 0。

当定时器 T0 被设置为方式 3 时，T1 可以设置为方式 0、方式 1、方式 2，只是，在这种状态下，逻辑结构图有所不同。此时，T1 的逻辑结构图如图 5-11 所示。

由于 TR1、TF1 被定时器 T0 占用，计数器开关已被接通，此时，仅用作 T1 的控制位 C/($\overline{\text{T}}$) 切换其定时器/计数器工作方式就可以使 T1 运行。一般情况下，当 T1 用作串行口的波特率发生器时，T0 才设置为工作方式 3。此时，常把定时器 T1 设置为方式 2，用作波特率发生器。

例 5.7 设用户系统中已使用了两个外部中断源，并设置定时器 T1 的工作方式为方式 2，作串行口的波特率发生器使用。现要求再增加一个外部中断源，并由 P1.0 引脚输出

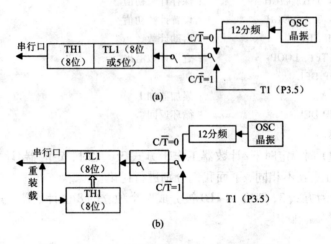

图 5 - 11　T0 工作于方式 3 下 T1 的逻辑结构图

(a)T1 的方式 1(或 0)；(b)T1 的方式 2

一个 5 kHz 的方波，f_{osc} = 12 MHz。

分析：T0 在方式 3 下，TH0 和 TH1 相互独立，TH0 作定时器使用，TL0 既可作定时器，又可作计数器。故用 TL0 进行计数，设置初值为 0FFH，当检测到 T0 引脚电平出现下降沿时，TL0 产生溢出，申请中断。这就相当于边沿触发的外部中断源。至于在 P1.0 引脚输出一个 5 kHz 的方波，就可以利用 TH0 的定时器功能。

(1)计算计数初值

方波的周期：T = 1/5 ms = 0.2 ms = 200 μs

故只要用 TH0 定时 100 μs，定时时间到，对 P1.0 取反，就可以产生 200 μs 的方波，故：

$$X = 256 - 100 \times 12/12 = 156 = 9CH$$

(2)程序设计：

```
        ORG 0000H
        AJMP MAIN
        ORG 000BH          ; TL0 溢出的中断服务入口
        AJMP TL0INT        ; 跳到 TL0INT，即 TL0 的中断服务程序处执行
        ORG 001BH          ; TH0 溢出的中断服务程序入口，在 T0 方式 3 下，TH0 占用
                           ;   T1 中断入口
        AJMP TH0INT
        ORG 0030H
MAIN:   MOV TMOD, #27H
        MOV TL0, #0FFH     ; 赋初值
        MOV TH0, #9CH
        MOV TL1, #data     ; data 是根据波特率设置的
        MOV TH1, #data
        MOV TCON, #55H     ; 启动 TH0 和 TL0
        MOV IE, #9FH       ; 开放全部的中断
```

```
            ……
TL0INT：    MOV TL0, #0FFH          ；TL0 重赋初值
            (中断处理)
            RETI
TH0INT：    MOV TH0, #9CH           ；TH0 重赋初值
            CPL P1.0                ；对 P1.0 取反输出
            RETI
```

例 5.8　已知晶振频率 12 MHz，参阅图 5－12，要求利用定时器 T0 使图中发光二极管进行秒闪烁。

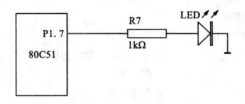

图 5－12　秒闪烁电路

分析：发光二极管进行秒闪烁。即一秒钟一亮一暗，亮 500 ms。晶振频率 12 MHz，每个机器周期 1 μs，T0 方式 1 最大定时只能 65 ms。取 T0 定时 50 ms，计数 10 次，即可实现 500 ms 定时。

秒闪烁电路流程图如图 5－13 所示。

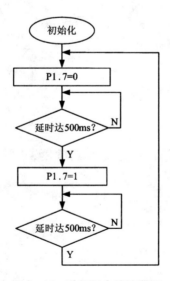

图 5－13　秒闪烁电路流程图

（1）计算计数初值

$$T0\ 初值 = 2^{16} - 50000 = 15536 = 3CB0H$$

$$TH0 = 3CH;\ TL0 = B0H$$

（2）TMOD 寄存器初始化

$$TMOD = 00000001B = 01H$$

（3）程序设计：

```
            ORG 0000H              ; 复位地址
            LJMP MAIN             ; 转主程序
            ORG 000BH              ; T0 中断入口地址
            LJMP IT0               ; 转 T0 中断服务程序
            ORG 0100H              ; 主程序首地址
    MAIN：  MOV TMOD, #01H        ; 置 T0 定时器方式 1
            MOV TH0, #3CH         ; 置 T0 初值 50ms
            MOV TL0, #0B0H
            MOV IE, #10000010B    ; T0 开中
            MOV R7, #0AH          ; 置 50 ms 计数值初值
            SETB TR0              ; T0 运行
            SJMP  $               ; 等待中断
```

第 6 章　80C51 单片机的串行口及串行总线扩展

6.1　串行通信基本知识

随着计算机系统的应用和微机网络的发展,通信功能越来越显得重要。通信既包括计算机与外部设备之间,也包括计算机和计算机之间的信息交换。由于串行通信是在一根传输线上一位一位地传送信息,所用的传输线少,并且可以借助现成的电话网进行信息传送,因此,特别适合于远距离传输。对于那些与计算机相距不远的人 – 机交换设备和串行存储的外部设备,如终端、打印机、逻辑分析仪、磁盘等,采用串行方式交换数据也很普遍。在实时控制和管理方面,采用多台微机处理机组成分级分布控制系统中,各 CPU 之间的通信一般都是串行方式。

6.1.1　基本通信技术及特点

根据 CPU 与外设之间连线结构和数据传送方式的不同,将通信方式分为:并行通信与串行通信。并行通信是指数据的各位同时发送或接收,每个数据位使用单独的一条导线,并行通信的特点是各数据位同时传送,传送速度快、效率高,但并行数据传送需要较多的数据线。串行通信是指数据一位接一位顺序发送或接收。串行通信的特点是数据传送按位顺序进行,最少只需一根传输线即可完成,成本低但速度慢,一般适用于较长距离传送数据。

图 6 – 1 为两种通信方式的示意图。在并行通信方式中,数据各位同时传送,例如 8 位数据或 16 位数据并行传送,如图 6 – 1(a)所示。并行通信的优点是速度快。缺点是需要的传输线多(如对于 8 位数据传输来说,至少需要 8 条数据线和 1 条地址线,此外还需要若干控制线),只适用于同一设备内不同器件或模块之间短距离数据传输,不适合作长距离数据传输。

串行通信是数据按位逐一传送,如图 6 – 1(b)所示。串行通信的优点是通信线路简单,所需传输线少,只要一对传输线就可以实现通信(如电话线),从而大大地降低了成本,特别适用于远距离通信。缺点是传送速度慢。由图 6 – 1 可知,假设并行传送 N 位数据所需时间为 T,那么串行传送的时间至少为 NT。对于实际的串行通信系统来说,还需要在数据前、后分别插入起始位和停止位以保证数据的可靠传输,因此实际上串行通信的传输时间总是大于 NT 的。

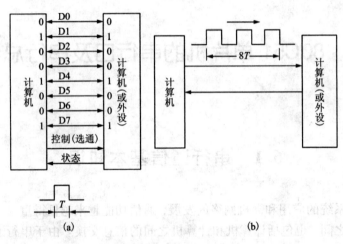

图 6 – 1　通信的两种基本方式

(a)并行通信；(b)串行通信

6.1.2　串行通信的数据传送方式

　　按照数据传送方向，串行通信可分为单工（Simplex）、半双工（Half Duplex）和全双工（Full Duplex）三种制式，如图 6 - 2 所示。单工制式下，通信线的一端是发送器，一端是接收器，数据只能按照一个固定的方向传送。半双工制式下，系统的每个通信设备都由一个发送器和一个接收器组成，但同一时刻只能有一个站发送，一个站接收；两个方向上的数据传送不能同时进行。即只能一端发送，一端接收，其收发开关一般是由软件控制的电子开关。全双工通信系统的每端都有发送器和接收器，可以同时发送和接收，即数据可以在两个方向上同时传送。

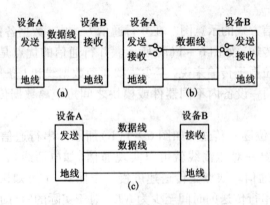

图 6 – 2　串行通信三种制式

(a)单工；(b)半双工；(c)全双工

　　如果在通信过程的任意时刻，信息只能由一方 A 传到另一方 B，则称为单工。如果在任意时刻，信息既可由 A 传到 B，又能由 B 传到 A，但只能有一个方向上的传输存在，称为半双工传输。如果在任意时刻,线路上存在 A 到 B 和 B 到 A 的双向信号传输,则称为全双工。

1. 全双工方式

当数据的发送和接收分流,分别由两根不同的传输线传送时,通信双方都能在同一时刻进行发送和接收操作,这样的传送方式就是全双工制。在全双工方式下,通信系统的每一端都设置了发送器和接收器,能控制数据同时在两个方向上传送。全双工方式无须进行方向的切换,没有切换操作所产生的时间延迟,这对那些不能有时间延误的交互式应用十分有利。这种方式要求通信双方均有发送器和接收器,同时,需要 2 根数据线传送数据信号,可能还需要控制线和状态线,以及地线。

比如,计算机主机用串行接口连接显示终端,而显示终端带有键盘。这样,一方面键盘上输入的字符送到主机内存;另一方面,主机内存的信息可以送到屏幕显示。通常往键盘上打入 1 个字符以后,先不显示,计算机主机收到字符后,立即回送到终端,然后终端再把这个字符显示出来。这样,前一个字符的回送过程和后一个字符的输入过程是同时进行的,即工作于全双工方式。

2. 半双工方式

若使用同一根传输线既作接收又作发送,虽然数据可以在两个方向上传送,但通信双方不能同时收发数据,这样的传送方式就是半双工制。采用半双工方式时,通信系统每一端的发送器和接收器,通过收/发开关转接到通信线上,进行方向的切换,会产生时间延迟。收/发开关实际上是由软件控制的电子开关。

当计算机主机用串行接口连接显示终端时,在半双工方式中,输入过程和输出过程使用同一通路。有些计算机和显示终端之间采用半双工方式工作,这时,从键盘打入的字符在发送到主机的同时就被送到终端上显示出来,而不是用回送的办法,所以避免了接收过程和发送过程同时进行的情况。

目前多数终端和串行接口都为半双工方式提供了换向能力,也为全双工方式提供了两条独立的引脚。在实际使用时,一般并不需要通信双方同时既发送又接收,像打印机这类的单向传送设备,半双工甚至单工就能胜任,也无需倒向。

6.1.3 串行通信的分类

根据数据传送时的编码格式不同,串行通信又分为异步通信和同步通信两种方式。

1. 异步通信

单片机的串行通信使用的是异步串行通信,所谓异步就是指发送端和接收端使用的不是同一个时钟。异步串行通信通常以字符(或者字节)为单位组成字符帧传送。异步通信中有两个比较重要的指标:字符帧格式和波特率。数据通常以字符或者字节为单位组成字符帧传送,字符帧由发送端逐帧发送,通过传输线被接收设备逐帧接收,发送端和接收端可以由各自的时钟来控制数据的发送和接收,这两个时钟源彼此独立,互不同步。

字符帧由四部分组成,分别是起始位、数据位、奇偶校验位、停止位,如图 6-3 所示。

(1)起始位:起始位(0)信号只占用一位,用来通知接收设备一个待接收的字符开始到达。线路上在不传送字符时应保持为 1。接收端不断检测线路的状态,若连续为 1 以后又测到一个 0,就知道发来一个新字符,应马上准备接收。字符的起始位还被用作同步接收

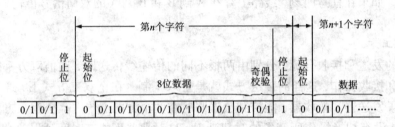

图 6-3　字符帧格式

端的时钟,以保证以后的接收能正确进行。

(2)数据位:起始位之后传送数据位。数据位中低位在前,高位在后。数据位可以是5、6、7、8位。

(3)奇偶校验位:奇偶校验位实际上是传送的附加位,若该位用于奇偶校验,可校检串行传送的正确性。奇偶校验位的设置与否及校验方式(奇校验还是偶校验)由用户需要确定。

(4)停止位:用逻辑1表示。停止位用来表征字符的结束,它一定是高电位(逻辑1)。停止位可以是1位、1.5位或2位。接收端收到停止位后,知道上一字符已传送完毕,同时,也为接收下一个字符做好准备——只要再接收到0,就是新的字符的起始位。若停止位以后不是紧接着传送下一个字符,则使线路电平保持为高电平(逻辑1)。

在异步通信过程中,对于发送方式来说,发送时,先输出低电平的起始位,然后按特定速率发送数据位(包括奇偶校验位),当最后一位数据发送完毕后,发送一个高电平的停止位,这样就发送完一帧数据。如果不再需要发送新数据或数据尚未准备就绪时,自动将数据传输线钳位在高电平状态。接收方不断检测传输线的电平状态,当发现传输线由高电平变为低电平时,即认为有数据传入,进入接收准备状态,然后以相同速率检测传输线的电平状态,接收随后送来的数据位、奇偶校验位和停止位。可见,在异步通信方式中,发送方通过控制数据线的电平状态来完成数据的发送;接收方通过不断检测数据线的电平状态确认是否有数据传入以及接收的数据位是0还是1。只要发送速率和接收检测速率相同,设备就可以使用各自的时钟完成数据的发送和接收,无须使用相同的时钟信号。因此,对于异步通信来说,所需传输线最少,只需要两根数据线就能实现全双工数据传输,因此在单片机控制系统中得到广泛应用。

2. 同步通信

同步通信中,在数据开始传送前用同步字符来指示(常约定1~2个),并由时钟来实现发送端和接收端同步,即检测到规定的同步字符后,下面就连续按顺序传送数据,直到通信告一段落。同步传送时,字符与字符之间没有间隙,也不用起始位和停止位,仅在数据块开始时用同步字符SYNC来指示,其数据格式如图6-4所示。

同步字符的插入可以是单同步字符方式或双同步字符方式,然后是连续的数据块。同步字符可以由用户约定,当然也可以采用ASCII码中规定的SYNC代码,即16H。按同步方式通信时,先发送同步字符,接收方检测到同步字符后,即准备接收数据。在同步传送时,要求用时钟来实现发送端与接收端之间的同步。为了保证接收正确无误,发送方除了

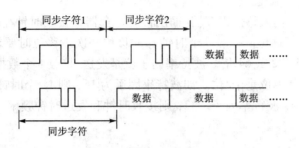

图 6 - 4　同步通信数据格式

传送数据外,还要同时传送时钟信号。同步传送可以提高传输速率(达 56kB/s 或更高),但硬件比较复杂。

6.1.4　串行通信的波特率

1. 波特率

在串行通信系统中,常用波特率衡量数据通信的快慢,含义是每秒传送的二进制数码的位数,单位是比特/秒(bit/s)。波特率对于 CPU 与外界的通信是很重要的。假设数据传送速率是 120 bit/s,而每个字符格式包含 10 个代码位(1 个起始位、1 个终止位、8 个数据位),这时传送的波特率为:

$$10 \times 120 \text{ 帧/s} = 1200 \text{ bit/s}$$

每一位代码的传送时间 t_d 为波特率的倒数,即:

$$t_d = 1/1200 \text{ (bit/s)} = 0.883 \text{ ms}$$

波特率是衡量传输通道频宽的指标,它和传送数据的速率并不一致。如上例中,因为除掉起始位和终止位,每一个数据实际只占 8 位。所以数位的传送速率为:

$$8 \times 120 \text{ bit/s} = 960 \text{ bit/s}$$

一般异步通信的波特率在 110 ~ 19200 bit/s,常用于计算机到终端机和打印机之间的通信、直通电报以及无线电通信的数据发送等。而同步通信波特率在 56 kbit/s 以上。在选择通信波特率时,不要盲目追求高速度,以满足数据传输要求为原则,因为波特率越高,对发送、接收时钟信号频率的一致性要求就越高。

2. 发送/接收时钟

在串行传输过程中,二进制数据序列是以数字信号波形的形式出现的,如何对这些数字波形定时发送出去或接收进来,以及如何对发/收双方之间的数据传输进行同步控制的问题就引出了发送/接收时钟的应用。

在发送数据时,发送器在发送时钟(下降沿)作用下将发送移位寄存器的数据按串行移位输出;在接收数据时,接收器在接收时钟(上升沿)作用下对来自通信线上串行数据,按位串行移入移位寄存器。可见,发送/接收时钟是对数字波形的每一位进行移位操作,因此,从这个意义上来讲,发送/接收时钟又可叫做移位时钟脉冲。另外,从数据传输过程中,收方进行同步检测的角度来看,接收时钟成为收方保证正确接收数据的重要工具。为此,接收器采用比波特率更高频率的时钟来提高定位采样的分辨能力和抗干扰能力。

3. 波特率因子

在波特率指定后,输入移位寄存器/输出移位寄存器在接收时钟/发送时钟控制下,按指定的波特率速度进行移位。一般几个时钟脉冲移位一次。移位时要求接收时钟/发送时钟频率是波特率的 16、32 或 64 倍。波特率因子就是发送/接收 1 个数据(1 个数据位)所需要的时钟脉冲个数,其单位是个/位。如波特率因子为 16,则 16 个时钟脉冲移位 1 次。例如:波特率 = 9600 bps,波特率因子 = 32,则接收时钟和发送时钟频率 = 9600 × 32 = 307200 Hz。

6.1.5　RS - 232C 串行通信

RS - 232C 是由美国电子工业协会(EIA)正式公布的,在异步串行通信中应用最广泛的标准总线。RS - 232C 标准(协议)的全称是 EIA - RS - 232C 标准,其中 EIA(Electronic Industry Association)代表美国电子工业协会,其中 RS 是 Recommended Standard 的缩写,232 是标识符,C 代表 RS - 232 的最新一次修改(1969 年),在这之前,有过 RS - 232A、RS - 232B 标准,它规定连接电缆和机械、电气特性、信号功能及传送过程。现在,计算机上的串行通信端口(RS - 232)是标准配置端口,已经得到广泛应用,计算机上一般都有 1 ~ 2 个标准 RS - 232C 串口,即通道 COM1 和 COM2。

1. RS - 232C 电气特性

EIA - RS - 232C 对电气特性、逻辑电平和各种信号线功能都作了明确规定。在 TXD 和 RXD 引脚上电平定义:逻辑 1(MARK) = -3 ~ -15V,逻辑 0(SPACE) = +3 ~ +15V。在 RTS、CTS、DSR、DTR 和 DCD 等控制线上电平定义:信号有效(接通,ON 状态,正电压) = +3 ~ +15V,信号无效(断开,OFF 状态,负电压) = -3 ~ -15V。

以上规定说明了 RS - 232C 标准对逻辑电平的定义。对于数据(信息码):逻辑"1"的传输的电平为 -3 ~ -15V,逻辑"0"传输的电平为 +3 ~ +15V。对于控制信号,接通状态(ON)即信号有效的电平为 +3 ~ +15V,断开状态(OFF)即信号无效的电平为 -3 ~ -15V,也就是当传输电平的绝对值大于 3V 时,电路可以有效地检查出来,而介于 -3 ~ +3V 之间的电压即处于模糊区电位,此部分电压将使得计算机无法准确判断传输信号的意义,可能会得到 0,也可能会得到 1,如此得到的结果是不可信的,在通信时会出现大量误码,造成通信失败。因此,实际工作时,应保证传输的电平在 ±(3 ~ 15)V 之间。

2. RS - 232C 机械连接器及引脚定义

目前,大部分计算机的 RS - 232C 通信接口都使用了 DB9 连接器,主板的接口连接器有 9 根针输出(RS - 232 公头),也有些比较旧的计算机使用 DB25 连接器输出,DB9 和 DB25 输出接口的引脚定义如表 6 - 1 所示。

3. RS - 232C 的通信距离和速度

RS - 232C 规定最大的负载电容为 2500pF,这个电容限制了传输距离和传输速率,由于 RS - 232C 的发送器和接收器之间具有公共信号地(GND),属于非平衡电压型传输电路,不使用差分信号传输,因此不具备抗共模干扰的能力,共模噪声会耦合到信号中,在不使用调制解调器(MODEM)时,RS - 232C 能够可靠进行数据传输的最大通信距离为 15 米,对于 RS232 远程通信,必须通过调制解调器进行远程通信连接。

表 6 – 1　RS – 232C 串口引脚定义表

9 针 RS – 232 串口（DB9）			25 针 RS – 232 串口（DB25）		
引脚	简写	功能说明	引脚	简写	功能说明
1	CD	载波侦测 （Carrier Detect）	8	CD	载波侦测 （Carrier Detect）
2	RXD	接收数据（Receive）	3	RXD	接收数据（Receive）
3	TXD	发送数据（Transmit）	2	TXD	发送数据（Transmit）
4	DTR	数据终端准备 （Data Terminal Ready）	20	DTR	数据终端准备 （Data Terminal Ready）
5	GND	地线（Ground）	7	GND	地线（Ground）
6	DSR	数据准备好 （Data Set Ready）	6	DSR	数据准备好 （Data Set Ready）
7	RTS	请求发送 （Request To Send）	4	RTS	请求发送 （Request To Send）
8	CTS	清除发送 （Clear To Send）	5	CTS	清除发送 （Clear To Send）
9	RI	振铃指示 （Ring Indicator）	22	RI	振铃指示 （Ring Indicator）

现在个人计算机所提供的串行端口的传输速度一般都可以达到 115200 bps 甚至更高，标准串口能够提供的传输速度主要有以下波特率：1200 bps、2400 bps、4800 bps、9600 bps、19200 bps、38400 bps、57600 bps、115200 bps 等，在仪器仪表或工业控制场合，9600 bps 是最常见的传输速度，在传输距离较近时，使用最高传输速度也是可以的。传输距离与传输速度的关系成反比，适当地降低传输速度，可以延长 RS – 232C 的传输距离，提高通信的稳定性。

6.2　80C51 单片机串行口的结构

80C51 单片机内部有一个功能很强的全双工串行通信接口（UART），其内部结构如图 6 – 5 所示。其中有一个数据接收缓冲器和一个数据发送缓冲器，可同时发送和接收数据，两个缓冲器共用一个地址 99H，且共用一个特殊功能寄存器名 SBUF。中央处理器对接收器只能读出不能写入，对发送缓冲器只能写入不能读出。系统中有两个特殊功能寄存器 SCON 和 PCOM，控制串行通信方式。80C51 的串行口有 4 种工作方式，可供不同场合使用。波特率由软件设置，通过片内的定时/计数器产生。接收、发送均可工作在查询方式或中断方式，使用十分灵活。80C51 的串行口除了用于数据通信外，还可以非常方便地构成一个或多个并行输入/输出口，或作串并转换，用来驱动键盘与显示器。

串行口数据缓冲器 SBUF 是两个在物理上独立的接收、发送缓冲器，可同时发送、接

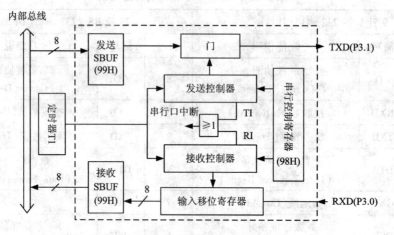

图6-5　串行通信接口内部结构图

收数据。两个缓冲器只用一个字节地址99H，可通过指令对SBUF的读写来区别是对接收缓冲器的操作还是对发送缓冲器的操作。CPU写SBUF，就是修改发送缓冲器；读SBUF，就是读接收缓冲器。串行口对外也有两条独立的收发信号线RXD(P3.0)和TXD(P3.1)，因此可以同时发送、接收数据，实现全双工传送。

1. 控制状态寄存器SCON

用于定义串行通信口的工作方式和反映串行口状态，其字节地址为98H，复位值为0000 0000B，可位寻址格式如图6-6所示。

位序	7	6	5	4	3	2	1	0	
位名	SM0	SM1	SM2	REN	TB8	RB8	TI	RI	字节地址
位地址	9FH	9EH	9DH	9CH	9BH	9AH	99H	98H	98H

SCON

图6-6　SCON寄存器地址格式

(1)SM0和SM1(SCON.7，SCON.6)——串行口工作方式选择位。两个选择位对应4种通信方式，如表6-2所示。其中，f_{osc}是外部晶振振荡频率。

表6-2　串行口工作方式选择

SM0	SM1	工作方式	功能	波特率
0	0	0	移位寄存器	$f_{osc}/12$
0	1	1	10位异步收发(8位数据)	可变，由定时器控制
1	0	2	11位异步收发(9位数据)	$f_{osc}/64$ 或 $f_{osc}/32$
1	1	3	11位异步收发(9位数据)	可变，由定时器控制

(2)SM2(SCON.5)——多机通信控制位，主要用于方式2和方式3。

若置 SM2 = 1, 则允许多机通信。当一片 89C51(主机)与多片 89C51(从机)通信时, 所有从机的 SM2 位都置 1。主机首先发送的一帧数据为地址, 即从机机号, 其中第 9 位为 1, 所有的从机接收到数据后, 将其中第 9 位装入 RB8 中。

各个从机根据收到的第 9 位数据(RB8 中)的值来决定从机可否再接收主机的信息。若 RB8 = 0, 说明是数据帧, 则使接收中断标志位 RI = 0, 信息丢失; 若 RB8 = 1, 说明是地址帧, 数据装入 SBUF 并置 RI = 1, 中断所有从机, 被寻址的目标从机清除 SM2 以接收主机发来的一帧数据。其他从机仍然保持 SM2 = 1。

若 SM2 = 0, 即不属于多机通信情况, 则接收一帧数据后, 不管第九位数据是 0 还是 1, 都置 RI = 1, 接收到的数据装入 SBUF。根据 SM2 这个功能, 可实现多个 89C51 应用系统的串行通信。在方式 1 时, 若 SM2 = 1, 则只有接收到有效停止位时, RI 才置 1, 以便接收下一帧数据。在方式 0 时, SM2 必须是 0。

(3) REN(SCON.4)——允许接收控制位。由软件置 1 或清 0, 只有当 REN = 1 时才允许接收, 相当于串行接收的开关; 若 REN = 0, 则禁止接收。

在串行通信接收控制过程中, 如果满足 RI = 0 和 REN = 1(允许接收)的条件, 就允许接收, 一帧数据就装载入接收 SBUF 中。

(4) TB8(SCON.3)——发送数据的第 9 位。在方式 2 或方式 3 中, 根据发送数据的需要由软件置位或复位。在许多通信协议中可用作奇偶校验位, 也可在多机通信中作为发送地址帧或数据帧的标志位。对于后者, TB8 = 1, 说明该帧数据为地址; TB8 = 0, 说明该帧数据为数据字节。在方式 0 或方式 1 中, 该位未用。

(5) RB8(SCON.2)——接收数据的第 9 位。在方式 2 或方式 3 中, 接收到的第 9 位数据放在 RB8 位。它或是约定的奇/偶校验位, 或是约定的地址/数据标志位。在方式 2 和方式 3 多机通信中, 若 SM2 = 1, 如果 RB8 = 1, 说明收到的数据为地址帧。

在方式 1 中, 若 SM2 = 0(即不是多机通信情况), RB8 中存放的是已接收到的停止位。在方式 0 中, 该位未用。

(6) TI(SCON.1)——发送中断标志。在一帧数据发送完时被置位。在方式 0 串行发送第 8 位结束或其他方式串行发送到停止位的开始时由硬件置位, 可用软件查询。它同时也申请中断, TI 置位意味着向 CPU 提供"发送缓冲器 SBUF 已空"的信息, CPU 可以准备发送下一帧数据。串行口发送中断被响应后, TI 不会自动清 0, 必须由软件清 0。

(7) RI(SCON.0)——接收中断标志。在接收到一帧有效数据后由硬件置位。在方式 0 中, 第 8 位数据位发送结束时, 由硬件置位; 在其他三种方式中, 当接收到停止位中间时由硬件置位。RI = 1, 申请中断, 表示一帧数据接收结束, 并已装入接收 SBUF 中, 要求 CPU 取走数据。CPU 响应中断, 取走数据。RI 也必须由软件清 0, 清除中断申请, 并准备接收下一帧数据。

串行发送中断标志 TI 和接收中断标志 RI 是同一个中断源, CPU 事先不知道是发送中断 TI 还是接收中断 RI 产生的中断请求, 所以, 在全双工通信时, 必须由软件来判别。复位时, SCON 所有位均清 0。

2. 电源控制寄存器 PCON

PCON 主要是为单片机的电源控制而设置的专用寄存器, 单元地址为 87H, 不能位寻址, 其格式如图 6 - 7 所示。

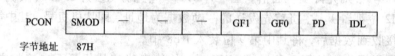

图 6 - 7　PCON 寄存器地址格式

在单片机中，该寄存器除最高位外，其他位都是虚设的。最高位 SMOD 为串行口波特率选择位。当 SMOD = 1 时，方式 1、2、3 的波特率加倍；当 SMOD = 0 时，系统复位。

6.2.1　80C51 单片机串行口控制

80C51 单片机的串行通信共有四种工作方式。

1. 串行工作方式 0

串行口为同步移位寄存器方式，波特率固定为 $f_{osc}/12$。该方式主要用于 I/O 口扩展等，方式 0 传送数据时，串行数据由 RXD(P3.0) 端输入或输出，而 TXD(P3.1) 此时仅作为同步移位脉冲发生器发出移位脉冲。串行数据的发送和接收以 8 位为一帧，不设起始位和停止位。

（1）方式 0 发送

方式 0 发送过程中，当执行一条将数据写入发送缓冲器 SBUF(99H) 的指令(MOV SBUF, A)时，串行口把 SBUF 中 8 位数据以 $f_{osc}/12$ 的波特率从 RXD(P3.0) 端输出，发送完毕置中断标志 TI = 1。方式 0 发送时序如图 6 - 8(a) 所示。写 SBUF 指令在 S6P1 处产生一个正脉冲，在下一个机器周期的 S6P2 处数据的最低位输出到 RXD(P3.0) 脚上；再在下一个机器周期的 S3，S4，S5 输出移位时钟为低电平，而在 S6 及下一个机器周期的 S1，S2 为高电平，就这样将 8 位数据由低位至高位一位一位顺序通过 RXD 线输出，并在 TXD 脚上输出 $f_{osc}/12$ 的移位时钟，在"写 SBUF"有效后的第 10 个机器周期的 S1P1 将发送中断标志 TI 置位。

（2）方式 0 接收

当方式 0 接收时，用软件置 REN = 1(同时 RI = 0)，即开始接收。接收时序如图 6 - 8(b)所示。当使 SCON 中的 REN = 1(RI = 0)时，产生一个正脉冲，在下一个机器周期的 S3P1 ~ S5P2，从 TXD(P3.1) 脚上输出低电平的移位时钟，在此机器周期的 S5P2 对 P3.0 脚采样，并在本机器周期的 S6P2 通过串行口内的输入移位寄存器将采样值移位接收；在同一个机器的 S6P1 到下一个机器周期的 S2P2，输出移位时钟为高电平。于是，将数据字节从低位至高位一位一位地接收下来并装入 SBUF 中，在启动接收过程(即写 SCON，清 RI 位)将 SCON 中的 RI 清 0 之后的第 10 个机器周期的 S1P1，RI 被置位。这一帧数据接收完毕，可进行下一帧接收。

2. 串行工作方式 1

方式 1 传送一帧为 10 位的串行数据，包括 1 位起始位，8 位数据位和 1 位停止位。

（1）方式 1 发送

方式 1 发送时，数据从引脚 TXD(P3.1) 端输出。当执行数据写入发送缓冲器 SBUF 的命令时，就启动了发送器开始发送。发送时序如图 6 - 9(a)所示。发送时的定时信号，也

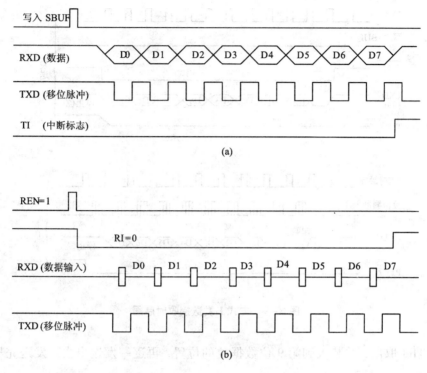

图 6 - 8　方式 0 发送接收时序图

就是发送移位时钟(TX 时钟),是由定时器 T1 送来的溢出信号经过 16 分频或 32 分频(取决于 SMOD 的值)而得到的,TX 时钟就是发送波特率。可见,方式 1 的波特率是可变的。发送开始的同时,SEND变为有效,将起始位向 TXD 输出;此后每经过一个 TX 时钟周期产生一个移位脉冲,并由 TXD 输出一个数据位;8 位数据位全部发送完后,置位 TI,并申请中断,置 TXD 为 1 作为停止位,再经一个时钟周期,SEND失效。

(2)方式 1 接收

方式 1 接收时,数据从引脚 RXD(P3.0)端输入。接收时序如图 6 - 9(b)所示。接收是在 SCON 寄存器中 REN 位置 1 的前提下,并检测到起始位(RXD 上检测到 1→0 的跳变,即起始位)而开始的。接收时,定时信号有两种:一种是接收移位时钟(RX 时钟),它的频率和传送波特率相同,也是由定时器 T1 的溢出信号经过 16 或 32 分频而得到的;另一种是位检测器采样脉冲,它的频率是 RX 时钟的 16 倍,亦即在一位数据期间有 16 位检测器采样脉冲,为完成检测,以 16 倍于波特率的速率对 RXD 进行采样。

3. 串行工作方式 2

方式 2 是 11 位为一帧的串行通信方式,即 1 位起始位,9 位数据位和 1 位停止位。其中第 9 位数据既可作奇偶校验位,也可作控制位使用。

(1)方式 2 发送

发送前,先根据通信协议由软件设置 TB8(如作奇偶校验位或地址/数据标志位),然后将要发送的数据写入 SBUF,即可启动发送过程。发送时序如图 6 - 10(a)所示。串行口

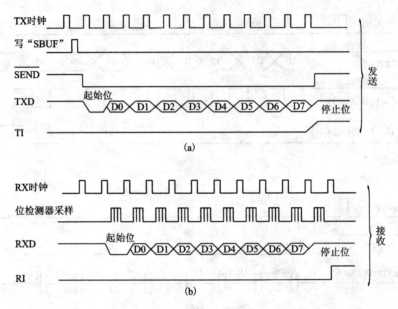

图 6 - 9　方式 1 发送接收时序图

能自动把 TB8 取出，并装入到第 9 位数据位的位置，再逐一发送出去。发送完毕，使 TI
= 1。

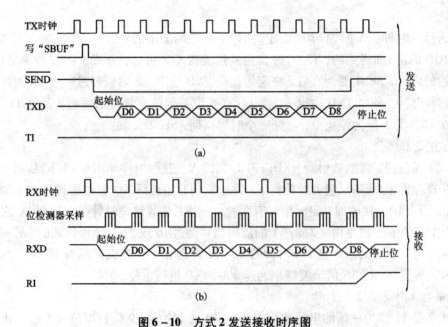

图 6 - 10　方式 2 发送接收时序图

（2）方式 2 接收

接收时，使 SCON 中的 REN = 1，允许接收。接收时序如图 6 - 10（b）所示。当检测到
RXD（P3.0）端有 1→0 的跳变（起始位）时，开始接收 9 位数据，送入移位寄存器（9 位）。

当满足 RI = 0 且 SM2 = 0，或接收到的第 9 位数据为 1 时，前 8 位数据送入 SBUF，附加的第 9 位数据送入 SCON 中的 RB8，置 RI 为 1；否则，这次接收无效，也不置位 RI。

4. 串行工作方式 3

方式 3 通信过程与方式 2 完全相同。区别仅在于方式 3 的波特率可通过设置定时的工作方式和初值来设定（与串行工作方式 1 波特率设定方法相同）。

6.2.2　串行工作方式波特率

串行通信的 4 种工作方式对应着 3 种波特率。对于方式 0，波特率是固定的，为单片机时钟的 1/12，即（$f_{osc}/2$）。随着外部晶振的频率 f_{osc} 不同，波特率也不相同。常用的 f_{osc} 有 12 MHz 和 6 MHz，所以波特率相应为 1000×10^3 bit/s 和 500×10^3 bit/s。在此方式下，数据自动地按固定的波特率发送和接收，完全不用设置。

对于方式 2，波特率的计算公式如下：

$$波特率 = 2^{SMOD} \times f_{osc}/64$$

即有两种波特率可供选择，当 SMOD = 0 时，波特率为 $f_{osc}/64$。当 SMOD = 1 时，波特率为 $f_{osc}/32$。在此方式下，电源控制位中 SMOD 确定后，波特率就确定了，不需要再作其他设置。

对于方式 1 和方式 3，波特率都由定时器 T1 的溢出率来决定，对应于以下公式：

$$波特率 = (2^{SMOD}/32) \times (定时器 T1 的溢出率)$$

定时器 T1 的溢出率和所采用的定时器工作方式有关，并可用以下公式表示：

$$定时器 T1 的溢出率 = f_{osc}/12 \times (2^n - X)$$

其中，X 为定时器 T1 的计数初值，n 为定时器 T1 的位数，对于定时器方式 0，取 $n = 13$；对于定时器方式 1，取 $n = 16$。

当把定时器 T1 溢出率作为波特率发生器（即 16 分频器）的输入信号时，为了避免重装初值造成的定时误差，定时器 T1 最好工作在可自动重装初值的方式 2，并禁止定时器 T1 中断。而 T1 溢出率倒数就等于定时时间 t，因此定时 T1 重装初值 C 与波特率之间的关系为：

$$C = 2^8 - 2^{SMOD}/(384 \times 波特率) \times f_{osc} \quad （T 1 计数器工作在 12 分频状态）$$

$$C = 2^8 - 2^{SMOD}/(192 \times 波特率) \times f_{osc} \quad （T1 计数器工作在 6 分频状态）$$

为了保证不同串行通信设备之间的数据可靠传输，波特率一般要选择标准值，如 1200、2400、4800 等，表 6 - 3 为常用波特率和定时器 T1 初值。

表 6 - 3　常用波特率和定时器 T1 初值

波特率/(bit · s⁻¹)	晶振频率 f_{osc}	SMOD	定时器 T1		
			C/$\overline{T}$	方式	初值
方式 0　500000	6 MHz	×	×	×	×
方式 2　187500	6 MHz	1	×	×	×
方式 1、3　19200	6 MHz	1	0	2	FEH

续表 6 – 3

波特率/(bit·s⁻¹)	晶振频率 f_{osc}	SMOD	定时器 T1		
			C/$\overline{T}$	方式	初值
方式 1、3　9600	6 MHz	1	0	2	FDH
方式 1、3　4800	6 MHz	0	0	2	FDH
方式 1、3　2400	6 MHz	0	0	2	FAH
方式 1、3　1200	6 MHz	0	0	2	F4H
方式 1、3　600	6 MHz	0	0	2	E8H
方式 1、3　110	6 MHz	0	0	2	72H
方式 1、3　55	6 MHz	0	0	1	FEH

6.3　单片机的串行总线扩展

　　单片机的串行扩展技术与并行扩展技术相比具有显著的优点，串行接口器件与单片机接口时需要的 I/O 口线很少(仅需 1~4 条)，串行接口器件体积小，因而占用电路板的空间小，仅为并行接口器件的 10%，明显减少电路板空间和成本。除上述优点，还有工作电压宽、抗干扰能力强、功耗低、数据不易丢失等特点。串行扩展技术在 IC 卡、智能仪器仪表以及分布式控制系统等领域得到广泛应用。串行扩展总线的应用是单片机目前发展的一种趋势。常用的串行扩展总线有：I^2C(Inter IC BUS) 总线、SPI(Serial Peripheral Interface) 总线和 USB 总线。

6.3.1　I^2C 总线接口及其扩展

　　I^2C 总线是 PHLIPS 公司推出的一种串行总线，是具备多主机系统所需的包括总线裁决和高低速器件同步功能的高性能串行总线。I^2C 总线只有两根双向信号线。一根是数据线 SDA，另一根是时钟线 SCL。

　　I^2C 总线通过上拉电阻接正电源。当总线空闲时，两根线均为高电平。连到总线上的任一器件输出的低电平，都将使总线的信号变低，即各器件的 SDA 及 SCL 都是线"与"关系。

　　每个接到 I^2C 总线上的器件都有唯一的地址。主机与其他器件间的数据传送可以是由主机发送数据到其他器件，这时主机即为发送器。总线上接收数据的器件则为接收器。在多主机系统中，可能同时有几个主机企图启动总线传送数据，为了避免混乱，I^2C 总线要通过总线仲裁，以决定由哪一台主机控制总线。

　　1. I^2C 总线的数据传送

　　(1)数据位的有效性规定

　　I^2C 总线进行数据传送时，时钟信号为高电平期间，数据线上的数据必须保持稳定，只有在时钟线上的信号为低电平期间，数据线上的高电平或低电平状态才允许变化。

（2）起始和终止信号

SCL 线为高电平期间，SDA 线由高电平向低电平的变化表示起始信号；SCL 线为高电平期间，SDA 线由低电平向高电平的变化表示终止信号。起始和终止信号都是由主机发出的，在起始信号产生后，总线就处于被占用的状态；在终止信号产生后，总线就处于空闲状态。

连接到 I^2C 总线上的器件，若具有 I^2C 总线的硬件接口，则很容易检测到起始和终止信号。对于不具备 I^2C 总线硬件接口的有些单片机来说，为了检测起始和终止信号，必须保证在每个时钟周期内对数据线 SDA 采样两次。

接收器件收到一个完整的数据字节后，有可能需要完成一些其他工作，如处理内部中断服务等，可能无法立刻接收下一个字节，这时接收器件可以将 SCL 线拉成低电平，从而使主机处于等待状态。直到接收器件准备好接收下一个字节时，再释放 SCL 线使之为高电平，从而使数据传送可以继续进行。

2．数据传送格式

（1）字节传送与应答

每一个字节必须保证是 8 位长度。数据传送时，先传送最高位（MSB），每一个被传送的字节后面都必须跟随一位应答位（即一帧共有 9 位）。由于某种原因从机不对主机寻址信号应答时（如从机正在进行实时性的处理工作而无法接收总线上的数据），它必须将数据线置于高电平，而由主机产生一个终止信号以结束总线的数据传送。

如果从机对主机进行了应答，但在数据传送一段时间后无法继续接收更多的数据时，从机可以通过对无法接收的第一个数据字节的"非应答"通知主机，主机则应发出终止信号以结束数据的继续传送。

当主机接收数据时，它收到最后一个数据字节后，必须向从机发出一个结束传送的信号。这个信号是由对从机的"非应答"来实现的。然后，从机释放 SDA 线，以允许主机产生终止信号。

（2）数据帧格式

I^2C 总线上传送的数据信号是广义的，既包括地址信号，又包括真正的数据信号。

在起始信号后必须传送一个从机的地址（7 位），第 8 位是数据的传送方向位（R/T），用"0"表示主机发送数据（T），"1"表示主机接收数据（R）。每次数据传送总是由主机产生的终止信号结束。但是，若主机希望继续占用总线进行新的数据传送，则可以不产生终止信号，马上再次发出起始信号对另一从机进行寻址。

3．总线的寻址

I^2C 总线协议有明确的规定：采用 7 位的寻址字节（寻址字节是起始信号后的第一个字节）。

（1）寻址字节的位定义

D7 ~ D1 位组成从机的地址。D0 位是数据传送方向位，为"0"时表示主机向从机写数据，为"1"时表示主机由从机读数据。

主机发送地址时，总线上的每个从机都将这 7 位地址码与自己的地址进行比较，如果相同，则认为自己正被主机寻址，根据 R/T 位将自己确定为发送器或接收器。

从机的地址由固定部分和可编程部分组成。在一个系统中可能希望接入多个相同的从机，从机地址中可编程部分决定了可接入总线该类器件的最大数目。如一个从机的 7 位寻址位有 4 位是固定位，3 位是可编程位，这时仅能寻址 8 个同样的器件，即可以有 8 个同样的器件接入到该 I²C 总线系统中。

（2）寻址字节中的特殊地址

固定地址编号 0000 和 1111 已被保留作为特殊用途。

起始信号后的第一字节的 8 位为"00000000"时，称为通用呼叫地址。通用呼叫地址的用意在第二字节中加以说明。

第二字节为 06H 时，所有能响应通用呼叫地址的从机器件复位，并由硬件装入从机地址的可编程部分。能响应命令的从机器件复位时不拉低 SDA 和 SCL 线，以免堵塞总线。

第二字节为 04H 时，所有能响应通用呼叫地址并通过硬件来定义其可编程地址的从机器件将锁定地址中的可编程位，但不进行复位。

如果第二字节的方向位 R/T 为"1"，则这两个字节命令称为硬件通用呼叫命令。

这里第二字节的高 7 位说明自己的地址。接在总线上的智能器件，如单片机或其他微处理器能识别这个地址，并与之传送数据。硬件主器件作为从机使用时，也用这个地址作为从机地址。

在系统中另一种选择可能是系统复位时硬件主机器件工作在从机接收器方式，这时由系统中的主机先告诉硬件主机器件数据应送往的从机器件地址，当硬件主机器件要发送数据时就可以直接向指定从机器件发送数据了。

（3）起始字节

起始字节是提供给没有 I²C 总线接口的单片机查询 I²C 总线时使用的特殊字节。不具备 I²C 总线接口的单片机，则必须通过软件不断地检测总线，以便及时地响应总线的请求。单片机的速度与硬件接口器件的速度就出现了较大的差别，为此，I²C 总线上的数据传送要由一个较长的起始过程加以引导。

引导过程由起始信号、起始字节、应答位、重复起始信号（Sr）组成。

请求访问总线的主机发出起始信号后，发送起始字节（00000001），另一个单片机可以用一个比较低的速率采样 SDA 线，直到检测到起始字节中的 7 个"0"中的一个为止。在检测到 SDA 线上的高电平后，单片机就可以用较高的采样速率，以便寻找作为同步信号使用的第二个起始信号 Sr。

在起始信号后的应答时钟脉冲仅仅是为了和总线所使用的格式一致，并不要求器件在这个脉冲期间作应答。

6.3.2　SPI 总线接口及其扩展

SPI（Serial Peripheral Interface—串行外设接口）总线是 Motorola 公司推出的一种同步串行接口技术。SPI 总线系统是一种同步串行外设接口，允许 MCU 与各种外围设备以串行方式进行通信、数据交换。外围设备包括 FLASH RAM、A/D 转换器、网络控制器、MCU 等。SPI 是一种高速、全双工、同步的通信总线，并且在芯片的管脚上只占用四根线，节约了芯片的管脚，同时为 PCB 的布局上节省空间，提供方便，正是出于这种简单易用的特性，现在越来越多的芯片集成了这种通信协议。其工作模式有两种：主模式和从模式。SPI 是一种允许一个主设备启动一个从设备的同步通信的协议，从而完成数据的交换。也就是 SPI

是一种规定好的通信方式。这种通信方式的优点是占用端口较少，一般 4 根就够基本通信了。同时传输速度也很高。一般来说要求主设备要有 SPI 控制器（也可用模拟方式），就可以与基于 SPI 的芯片通信了。

1. SPI 总线系统结构

SPI 系统可直接与各个厂家生产的多种标准外围器件直接接口，一般使用 4 条线：串行时钟线（SCK）、主机输入/从机输出数据线 MISO（DO）、主机输出/从机输入数据线 MOSI（DI）和低电平有效的从机选择线 CS。MISO 和 MOSI 用于串行接收和发送数据，先为MSB（高位），后为 LSB（低位）。在 SPI 设置为主机方式时，MISO 是主机数据输入线，MOSI 是主机数据输出线。SCK 用于提供时钟脉冲将数据一位位地传送。SPI 总线器件间传送数据框图如图 6 - 11 所示。

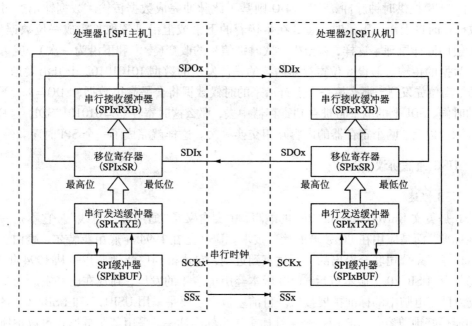

图 6 - 11　SPI 总线器件间传送数据框图

2. SPI 总线的接口特性

利用 SPI 总线可在软件的控制下构成各种系统。如 1 个主 MCU 和几个从 MCU、几个从 MCU 相互连接构成多主机系统（分布式系统）、1 个主 MCU 和 1 个或几个从 I/O 设备所构成的各种系统等。在大多数应用场合，可使用 1 个 MCU 作为主控机来控制数据，并向 1 个或几个从外围器件传送该数据。从器件只有在主机发命令时才能接收或发送数据。其数据的传输格式是高位（MSB）在前，低位（LSB）在后。

当一个主控机通过 SPI 与几种不同的串行 I/O 芯片相连时，必须使用每片的允许控制端，这可通过 MCU 的 I/O 端口输出线来实现。但应特别注意这些串行 I/O 芯片的输入输出特性：首先是输入芯片的串行数据输出是否有三态控制端。平时未选中芯片时，输出端应处于高阻态。若没有三态控制端，则应外加三态门。否则 MCU 的 MISO 端只能连接 1 个输入芯片。其次是输出芯片的串行数据输入是否有允许控制端。因为只有在此芯片允许时，SCK 脉冲才把串行数据移入该芯片；在禁止时，SCK 对芯片无影响。若没有允许控制端，则应在外围用门电路对 SCK 进行控制，然后再加到芯片的时钟输入端；当然，也可以只在 SPI 总线上连接 1 个芯片，而不再连接其他输入或输出芯片。

3. SPI 总线的数据传输

SPI 是一个环形总线结构，其时序其实很简单，主要是在 SCK 的控制下，两个双向移位寄存器进行数据交换。SPI 数据传输原理很简单，它至少需要 4 根线，事实上 3 根也可以。也是所有基于 SPI 的设备共有的，它们是 SDI（数据输入），SDO（数据输出），SCK（时钟），CS（片选）。其中 CS 是控制芯片是否被选中的，也就是说只有片选信号为预先规定的使能信号时（高电位或低电位），对此芯片的操作才有效。这就允许在同一总线上连接多个 SPI 设备成为可能。在 SPI 方式下数据是一位一位地传输的。这就是 SCK 时钟线存在的原因，由 SCK 提供时钟脉冲，SDI、SDO 则基于此脉冲完成数据传输。数据输出通过 SDO 线，数据在时钟上沿或下沿时改变，在紧接着的下沿或上沿被读取。完成一位数据传输，输入也使用同样原理。这样，在至少 8 次时钟信号的改变（上沿和下沿为一次），就可以完成 8 位数据的传输。假设 8 位寄存器内装的是待发送的数据 10101010，上升沿发送、下降沿接收、高位先发送，那么第一个上升沿来的时候数据将会是高位数据，SDO = 1。下降沿到来的时候，SDI 上的电平将被存到寄存器中去，那么这时寄存器 = 0101010SDI，这样在 8 个时钟脉冲以后，两个寄存器的内容互相交换一次。这样就完成了一个 SPI 时序。

6.3.3　USB 通信协议

1. USB 概述

USB 是英文 Universal Serial Bus 的缩写，中文含义是"通用串行总线"。它不是一种新的总线标准，而是应用在 PC 领域的接口技术。USB 是在 1994 年底由英特尔、康柏、IBM、Microsoft 等多家公司联合提出的。不过直到近期，它才得到广泛地应用。从 1994 年 11 月 11 日发表了 USB V0.7 版本以后，USB 版本经历了多年的发展，到现在已经发展为 2.0 版本，成为目前电脑中的标准扩展接口。目前主板中主要是采用 USB1.1 和 USB2.0，各 USB 版本间能很好地兼容。USB 用一个 4 针插头作为标准插头，采用菊花链形式可以把所有的外设连接起来，最多可以连接 127 个外部设备，并且不会损失带宽。USB 需要主机硬件、操作系统和外设三个方面的支持才能工作。目前的主板一般都采用支持 USB 功能的控制芯片组，主板上也安装有 USB 接口插座，而且除了背板的插座之外，主板上还预留有 USB 插针，可以通过连线接到机箱前面作为前置 USB 接口以方便使用。而且 USB 接口还可以通过专门的 USB 连机线实现双机互连，并可以通过 Hub 扩展出更多的接口。USB 具有传输速度快（USB1.1 是 12 Mbps，USB2.0 是 480 Mbps，USB3.0 是 5 Gbps），使用方便，支持热插拔，连接灵活，独立供电等优点，可以连接鼠标、键盘、打印机、扫描仪、摄像头、闪存盘、MP3 机、手机、数码相机、移动硬盘、外置光软驱、USB 网卡、ADSL Modem、Cable Modem 等，几乎所有的外部设备。

USB 是一个外部总线标准，用于规范电脑与外部设备的连接和通信。USB 接口支持设备的即插即用和热插拔功能。USB 接口可用于连接多达 127 种外设，如鼠标、调制解调器和键盘等。USB 自从 1996 年推出后，已成功替代串口和并口，并成为当今个人电脑和大量智能设备的必配的接口之一。

一个基于计算机的 USB 系统可以在系统层次上被分为三个部分：USB 主机（USB Host）、USB 器件（USB Device）和 USB 的连接。所谓 USB 连接实际上是指一种 USB 器件和 USB 主机进行通信的方法。它包括：

（1）总线的拓扑（由一点分出多点的网络形式）：即外设和主机连接的模式。

（2）各层之间的关系：即组成 USB 系统的各个部分在完成一个特定的 USB 任务时，各自之间的分工与合作。

（3）数据流动的模式：即 USB 总线的数据传输方式。

（4）USB 的"分时复用"：因为 USB 提供的是一种共享连接方式，因而为了进行资料的同步传输，致使 USB 对资料的传输和处理必须采用分时处理的机制。

USB 的总线拓扑如图 6 - 12 所示，在 USB 的树形拓扑中，USB 集线器（Hub）处于节点（Node）的中心位置。而每一个功能部件都和 USB 主机形成唯一的点对点连接，USB 的 Hub 为 USB 的功能部件连接到主机提供了扩展的接口。利用这种树形拓扑，USB 总线支持最多 127 个 USB 外设同时连接到主计算机系统。

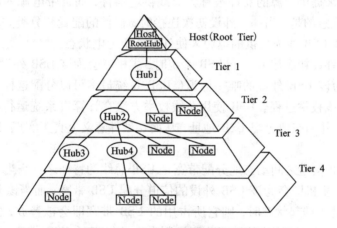

图 6 - 12　USB 的总线拓扑示意图

根据传输率的不同，USB 器件被分为高速和低速两种。低速外设的标准传输率为 1.5 Mbps，而高速外设的标准传输率为 12 Mbps。所有的 USB Hub 都为高速外设，而功能部件则可以根据外设的具体情况设计成不同的传输率，如用于视频、音频传输的外设大都采用 12Mbps 的传输率，而像键盘、鼠标这样的人机输入设备（HID）则设计成低速外设。由于 USB 的数据传输采用资料包的形式，因而使得连接到主机的所有的 USB 外设可以同时工作而互不干扰。不幸的是，所有这些 USB 外设必须同时分享 USB 协议所规定的 USB 带宽（这个带宽在 USB 1.0 协议中为 12Mbps），虽然 USB 的分时处理机制可以使有限的 USB 带宽在各设备之间动态地分配，但如果两台以上的高速外设同时使用这样的连接方法，就会使它们都无法享用到最高的 USB 带宽，从而降低了性能。

用于实现外设到主机或 USB Hub 连接的是 USB 线缆，如图 6 - 13 所示。从严格意义上讲，USB 线缆应属于 USB 器件的接口部分。USB 线缆由四根线组成，其中一根是电源线 V_{Bus}，一根是地线 GND，其余两根是用于差动信号传输的资料线（D_+，D_-）。将数据流驱动成差动信号来传输的方法可以有效提高信号的抗干扰能力（EMI）。在资料线末端设置结束电阻的思路是非常巧妙的，以致对于 Hub 来判别所连接的外设是高速外设或是低速外设，仅仅只需要检测在外设被初次连接时，D_+ 或 D_- 上的信号是高或低即可。因为对于 USB 协议来讲，要求低速外设在其 D_- 端并联一个 1.5 kΩ 的接地电

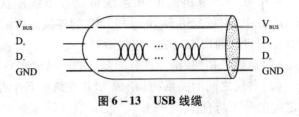

图 6 – 13　USB 线缆

阻，而高速外设则在 D_+ 端接同样的电阻。在加电时，根据低速外设的 D_- 线和高速外设的 D_+ 线所处的状态，Hub 就很容易判别器件的种类，从而为器件配置不同的信息。为提高数据传输的可靠性、系统的兼容性及标准化程度，USB 协议对用于 USB 的线缆提出了较为严格的要求。如用于高速传输的 USB 线缆，其最大长度不应超过 5 m，而用于低速传输的线缆则最大长度为 2 m，每根资料线的电阻应为标准的 90Ω。

　　USB 系统可以通过 USB 线缆为其外设提供不高于 +5V、500 mA 的总线电源。那些完全依靠 USB 线缆来提供电源的器件被称为总线供电器件，而自带电源的器件则被称为自供电外设。需要注意的是，当一个外设初次连接时，器件的配置和分类并不使用外设自带的电源，而是通过 USB 线缆提供的电源来使外设处于上电状态。

　　当一个 USB 外设初次接入一个 USB 系统时，主机就会为该 USB 外设分配一个唯一的 USB 地址，并作为该 USB 外设的唯一标识（ USB 系统最多可以分配这样的地址 127 个），这称为 USB 的总线枚举过程。USB 使用总线枚举方法在计算机系统运行期间动态检测外设的连接和摘除，并动态地分配 USB 地址，从而在硬件意义上真正实现"即插即用"和"热插拔"。

　　在所有的 USB 信道之间动态地分配带宽是 USB 总线的特征之一。当一台 USB 外设在连接并配置以后，主机即会为该 USB 外设的信道分配 USB 带宽；而当该 USB 外设从 USB 系统中摘除或是处于挂起状态时，则它所占用的 USB 带宽即会被释放，并为其他的 USB 外设所分享。这种"分时复用"的带宽分配机制大大地提高了 USB 带宽利用率。作为一种先进的总线方式，USB 提供了基于主机的电源管理系统。USB 系统会在一台外设长时间（这个时间一般在 3.0 ms 以上）处于非使用状态时自动将该设备挂起，当一台 USB 外设处于挂起状态时，USB 总线通过 USB 线缆为该设备仅仅提供 500μA 以下的电流，并把该外设所占用的 USB 带宽分配给其他的 USB 外设。USB 的电源管理机制使它支持如远程唤醒这样的高级特性。当一台外设处于挂起状态时，必须先通过主机使该设备"唤醒"，然后才可以执行 USB 操作。USB 的这种智能电源管理机制，使得它特别适合如笔记本计算机之类的设备的应用。

　　2. USB 的数据传输方式

　　为了满足不同外设和用户的要求，USB 提供了四种传输方式：控制传输、同步传输、中断传输、批传输。它们在数据格式、传输方向、数据包容量限制、总线访问限制等方面有着各自不同的特征。

　　（1）控制传输

　　控制传输是一种可靠的双向传输，一次控制传输可分为三个阶段。第一阶段为从主机（HOST）到设备（Device）的 SETUP 事务传输，这个阶段指定了此次控制传输的请求类型；

第二阶段为数据阶段，也有些请求没有数据阶段；第三阶段为状态阶段，通过一次 IN/OUT 传输表明请求是否成功完成。

控制传输对于最大包长度有固定的要求。对于高速设备该值为 64（Bytes）；对于低速设备该值为 8；全速设备可以是 8 或 16 或 32 或 64。

（2）中断传输

中断传输是一种轮询的传输方式，是一种单向的传输，HOST 通过固定的间隔对中断端点进行查询，若有数据传输或可以接收数据则返回数据或发送数据，否则返回 NAK，表示尚未准备好。

中断传输的延迟有保证，但并非实时传输，它是一种延迟有限的可靠传输，支持错误重传。

对于高速/全速/低速端点，最大包长度分别可以达到 1024/64/8 Bytes。

高速中断传输不得占用超过 80% 的微帧时间，全速和低速不得超过 90%。中断端点的轮询间隔由在端点描述符中定义，全速端点的轮询间隔可以是 1～255 ms，低速端点为 10～255 ms，高速端点为（2interval－1）* 125 μs，其中 interval 取 1 到 16 之间的值。

除高速高带宽中断端点外，一个微帧内仅允许一次中断事务传输，高速高带宽端点最多可以在一个微帧内进行三次中断事务传输，传输高达 3072 字节的数据。

（3）批量传输

批量传输是一种可靠的单向传输，但延迟没有保证，它尽量利用可以利用的带宽来完成传输，适合数据量比较大的传输。

低速 USB 设备不支持批量传输，高速批量端点的最大包长度为 512 字节，全速批量端点的最大包长度可以为 8、16、32、64 字节。

批量传输在访问 USB 总线时，相对其他传输类型具有最低的优先级，USBHOST 总是优先安排其他类型的传输，当总线带宽有富余时才安排批量传输。

高速的批量端点必须支持 PING 操作，向主机报告端点的状态，NYET 表示否定应答，没有准备好接收下一个数据包，ACK 表示肯定应答，已经准备好接收下一个数据包。

（4）同步传输

同步传输是一种实时的、不可靠的传输，不支持错误重发机制。只有高速和全速端点支持同步传输，高速同步端点的最大包长度为 1024 字节，低速的为 1023 字节。

除高速高带宽同步端点外，一个微帧内仅允许一次同步事务传输，高速高带宽端点最多可以在一个微帧内进行三次同步事务传输，传输高达 3072 字节的数据。全速同步传输不得占用超过 80% 的帧时间，高速同步传输不得占用超过 90% 的微帧时间。

6.4　单片机与单片机通信应用

双机通信也称为点对点通信，用于单片机与单片机之间交换信息，也常用于单片机与通用微机间的信息交换。

1. 硬件连接

两个单片机间采用 TTL 电平直接传输信息，其距离一般不应超过 5 m。所以实际应用中通常采用 RS -232C 标准电平进行点对点通信连接。如图 6 - 14 所示为两个单片机间的通信连接方法,电平转换芯片采用 MAX232 芯片。

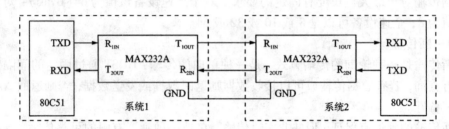

图 6 - 14　点对点通信接口电路

2. 应用程序

程序流程图如图 6 - 15 所示。

设 1 号机是发送方,2 号机是接收方。当 1 号机发送时,先发送一个"E1"联络信号,2 号机收到后回答一个"E2"应答信号,表示同意接收。当 1 号机收到应答信号"E2"后,开始发送数据,每发送一个数据字节都要计算"校验和",假定数据块长度为 16 个字节,起始地址为 40H,一个数据块发送完毕后立即发送"校验和"。2 号机接收数据并转存到数据缓冲区,起始地址也为 40H,每接收到一个数据字节便计算一次"校验和",当收到一个数据块后,再接收 1 号机发来的"校验和",并将它与 2 号机求出的校验和进行比较。若两者相等,说明接收正确,2 号机回答 00H;若两者不相等,说明接收不正确,2 号机回答 0FFH,请求重发。1 号机接到 00H 后结束发送。若收到的答复非零,则重新发送数据一次。双方约定采用串行口方式 1 进行通信,一帧信息为 10 位,其中有 1 个起始位、8 个数据位和一个停止位。波特率为 2400 波特,T1 工作在定时器方式 2,振荡频率选用 11.0592 MHz,查表可得 TH1 = TL1 =0F4H,PCON 寄存器的 SMOD 位为 0。

发送数据程序清单如下:

```
ASTART:  CLR EA
         MOV TMOD, #20H          ;定时器 1 置为方式 2
         MOV TH1, #0F4H          ;装载定时器初值,波特率 2400
         MOV TL1, #0F4H
         MOV PCON, #00H
         SETB TR1               ;启动定时器
         MOV SCON, #50H          ;设定串口方式 1,且准备接收应答信号
ALOOP1:  MOV SBUF, #0E1H         ;发联络信号
         JNB TI, $              ;等待一帧发送完毕
         CLR TI                ;允许再发送
         JNB RI, $              ;等待 2 号机的应答信号
         CLR RI                ;允许再接收
         MOV A, SBUF            ;2 号机应答后,读至 A
         XRL A, #0E2H           ;判断 2 号机是否准备完毕
         JNZ ALOOP1            ;2 号机未准备好,继续联络
ALOOP2:  MOV R0, #40H           ;2 号机准备好,设定数据块地址指针初值
```

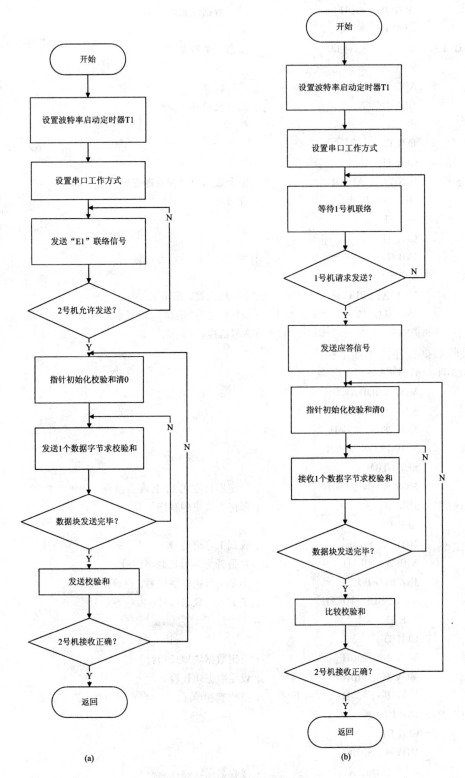

图 6 – 15 点对点通信流程图

(a)发送数据流程图；(b)接收数据流程图

```
            MOV R7, #10H            ; 设定数据块长度初值
            MOV R6, #00H            ; 清校验和单元
ALOOP3:     MOV SBUF, @ R0         ; 发送一个数据字节
            MOV A, R6
            ADD A, @ R0            ; 求校验和
            MOV R6, A              ; 保存校验和
            INC R0
            JNB TI, $
            CLR TI
            DJNZ R7, ALOOP3       ; 整个数据块是否发送完毕
            MOV SBUF, R6          ; 发送校验和
            JNB TI, $
            CLR TI
            JNB R1, $             ; 等待 2 号机的应答信号
            CLR RI
            MOV A, SBUF          ; 2 号机应答，读至 A
            JNZ ALOOP2           ; 2 号机应答"错误"，转重新发送
            RET                  ; 2 号机应答"正确"，返回
```

接收数据程序清单如下：

```
BSTART:     CLR EA
            MOV TMOD, #20H
            MOV TH1, #0F4H
            MOV TL1, #0F4H
            MOV PCON, #00H
            SETB TR1
            MOV SCON , #50H      ; 设定串口方式 1，且准备接收
BLOOP1:     JNB RI, $            ; 等待 1 号机的联络信号
            CLR RI
            MOV A, SBUF         ; 收到 1 号机信号
            XRL A, #0E1H        ; 判是否为 1 号机联络信号
            JNZ BLOOP1          ; 不是 1 号机联络信号，再等待
            MOV SBUF, #0E2H     ; 是 1 号机联络信号，发应答信号
            JNB TI, $
            CLR TI
            MOV R0, #40H        ; 设定数据块地址指针初值
            MOV R7, #10H        ; 设定数据块长度初值
            MOV R6, #00H        ; 清校验和单元
BLOOP2:     JNB RI, $
            CLR RI
            MOV A, SBUF
            MOV @ R0, A         ; 接收数据转储
            INC R0
            ADD A, R6           ; 求校验和
```

```
            MOV R6, A
            DJNZ R7, BLOOP2          ; 判数据块是否接收完毕
            JNB RI, $                ; 完毕, 接收 1 号机发来的校验和
            CLR RI
            MOV A, SBUF
            XRL A, R6                ; 比较校验和
            JZ END1                  ; 校验和相等, 跳至发正确标志
            MOV SBUF, #0FFH          ; 校验和不相等, 发错误标志
            JNB TI, $                ; 转重新接收
            CLR TI
            SJMP BLOOP1
END1:       MOV SBUF, #00H
            RET
```

上述程序中收发数据采用的是查询方式, 也可以采用中断方式完成, 请同学们自己编制。

第7章　单片机系统的扩展

单片机系统的扩展主要有程序存储器(ROM)扩展,数据存储器(RAM)扩展以及 I/O 口的扩展。因此本章将重点讨论 80C51 系列单片机如何扩展程序存储器和数据存储器,如何扩展输入/输出接口,并介绍一些常用接口芯片的结构特点以及与单片机的接口方法。

7.1　系统扩展的概述

单片机的芯片内集成了 CPU 、ROM 、RAM 、定时/计数器和并行 I/O 接口,已经具备了很强的功能,一片单片机基本上就是一台微型计算机。但是,单片机内部的 ROM 、RAM 的容量,定时器、I/O 接口和中断源等资源往往有限,在实际应用中通常不够用,因此需要对单片机的资源进行扩展,从而构成一个功能更强的单片机系统。

80C51 单片机属总线结构型单片机,系统扩展通常采用总线结构形式。所谓总线,就是指连接系统中各扩展部件的一组公共信号线。

如图 7-1 所示,整个扩展系统以 80C51 芯片为核心,通过三类总线把各扩展部件连接起来。这三类总线即地址总线、数据总线和控制总线,下面分别予以介绍。

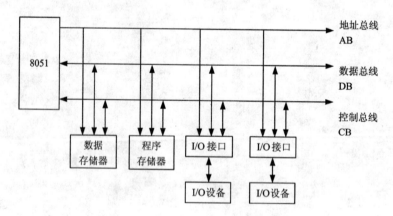

图 7-1　80C51 芯片系统扩展结构图

1. 地址总线(Address Bus,简写为 AB)

地址总线可传送单片机送出的地址信号,用于访问外部存储器单元或 I/O 端口。地址总线是单向的,地址信号只是由单片机向外发出。地址总线的数目决定了可直接访问的存储器单元的数目。例如 N 位地址,可以产生 2^N 个连续地址编码,因此可访问 2^N 个存储单元,即通常所说的寻址范围为 2^N 个地址单元。80C51 单片机有十六位地址线,因此存储器

扩展范围可达 $2^{16} = 64KB$ 地址单元。挂在总线上的器件，只有地址被选中的单元才能与 CPU 交换数据，其余的都暂时不能操作，否则会引起数据冲突。

2. 数据总线(Data Bus，简写为 DB)

数据总线用于在单片机与存储器之间或单片机与 I/O 端口之间传送数据。单片机系统数据总线的位数与单片机处理数据的字长一致。例如 80C51 单片机是 8 位字长，所以数据总线的位数也是 8 位。数据总线是双向的，即可以进行两个方向的数据传送。

3. 控制总线(Control Bus，简写为 CB)

控制总线实际上就是一组控制信号线，包括单片机发出的，以及从其他部件送给单片机的各种控制或联络信号。对于一条控制信号线来说，其传送方向是单向的，但是由不同方向的控制信号线组合的控制总线则表示为双向的。

总线结构形式大大减少了单片机系统中连接线的数目，提高了系统的可靠性，增加了系统的灵活性。此外，总线结构也使扩展易于实现，各功能部件只要符合总线规范，就可以很方便地接入系统，实现单片机扩展。

整个扩展系统以 80C51 芯片为核心，通过总线把各扩展部件连接起来，其情形有如各扩展部件"挂"在总线上一样。扩展器件包括 ROM、RAM 和 I/O 接口电路等。因为扩展是在单片机芯片之外进行的，因此通常把扩展的 ROM 称之为外部 ROM，把扩展 RAM 称之为外部 RAM。

表 7 - 1　单片机扩展常用器件

种　　类		型　号	功　能　说　明	注　　释	主频/ MHz
MCS - 51 配套 器件	I/O 扩展	8243	4 通道 4 位(16 线)I/O 扩展器	专用 I/O 扩展器	12
	存储器 + I/O 扩展	8355/8355 - 2	2K × 8　ROM + 16I/O 线	可直接与 80C51 相连	11.6
		8755/8755 - 2	2K × 8　EPROM + 16I/O 线		11.6
		8155 - 2	256 × 8　RAM + 22I/O 线		12
	存储器	8155A	1K × 8　RAM	专用 I/O 扩展器	12
	标准 EPROM	2716	2K × 8	用户可编辑，可擦除，均可直接与 80C51 相连(需外接地址锁存器)	11
		2732	4K × 8		11
		2764	8K × 8　光可擦		12
		27128	16K × 8		12
	标准 RAM	2114A	1K × 4	能方便地与 MCS - 51 相连	12
		6116	2K × 8		12
		6264	8K × 8		12

7.2　存储器扩展

存储器是计算机的记忆部件。CPU 要执行的程序、要处理的数据、处理的中间结果等都存放在存储器中。

目前微机的存储器几乎全部采用半导体存储器。存储容量和存取时间是存储器的两项重要指标，它们反映了存储记忆信息的多少与工作速度的快慢。半导体存储器根据应用可分为读写存储器（RAM）和只读存储器（ROM）两大类。

7.2.1　程序存储器的扩展

程序存储器 ROM（Read Only Memory）也称只读存储器。ROM 是线路最简单的半导体电路，通过掩膜工艺，一次性制造，在元件正常工作的情况下，其中的代码与数据将永久保存，并且不能够进行修改。一般应用于 PC 系统的程序码、主机板上的 BIOS（基本输入/输出系统 Basic Input/Output System）等。它的读取速度比 RAM 慢很多。

1. 程序存储器类型

根据组成元件的不同，ROM 内存又分为以下五种：

（1）MASK ROM（掩膜型只读存储器）

制造商为了大量生产 ROM 内存，需要先制作一个有原始数据的 ROM 或 EPROM 作为样本，然后再大量复制，这一样本就是 MASK ROM，而烧录在 MASK ROM 中的资料永远无法做修改。它的成本比较低。

（2）PROM（Programmable ROM，可编程只读存储器）

这是一种可以用刻录机将资料写入的 ROM 内存，但只能写入一次，所以也被称为"一次可编程只读存储器"（One Time Programming ROM，OTP - ROM）。PROM 在出厂时，存储的内容全为 1，用户可以根据需要将其中的某些单元写入数据 0（部分的 PROM 在出厂时，数据全为 0，则用户可以将其中的部分单元写入 1），以实现对其"编程"的目的。

（3）EPROM（Erasable Programmable，可擦可编程只读存储器）

这是一种具有可擦除功能，擦除后即可进行再编程的 ROM 内存，写入前必须先把里面的内容清除掉。这一类芯片比较容易识别，其封装中包含有"石英玻璃窗"，一个编程后的 EPROM 芯片的"石英玻璃窗"一般使用黑色不干胶纸盖住，以防止遭到阳光直射。

80C51 单片机应用系统中使用得最多的 EPROM 程序存储器是 Intel 公司的典型系列芯片 2716（2K×8）、2732A（4K×8）、2764（8K×8）、27128（16K×8）、27256（32K×8）和 27512（64K×8）等。

图 7-2 表示了各芯片管脚及其兼容性能。由图中可以看出管脚的兼容性，例如，2732A 与 2716 管脚为 24 脚，将 2732A 插入 2716 电路中可以作为 2716 芯片工作，但只 2K 字节有效；2764、27128、27256 皆为 28 脚，均可向下兼容。另外，各种型号的 EPROM 还可以有不同的应用参数，主要有最大读出速度、工作温度、电压容差等。在应用系统中选择 EPROM 芯片时，除了容量以外，必须注意这些参数。其中 A0 ~ A10 为地址线，O0 ~ O7 为数据线，$\overline{CE}$ 为片选线，$\overline{OE}$ 为数据输出选通线，V_{PP} 为编程电源口，V_{CC} 为主电源口。

在实际扩展电路设计中应注意以下几点：

①根据应用系统容量要求选择 EPROM 芯片时，应使应用系统电路尽量简化，在满足容量要求时尽可能选择大容量芯片，以减少芯片组合数量。

②选择好 EPROM 容量后，要选择好能满足应用系统应用环境要求的芯片型号。例如在确定选择 8KB 的 EPROM 芯片后根据不同的应用参数在 2764 中选择相应的型号规格芯

27512	27256	27128	2764	2732	2716						2716	2732	2764	27128	27256	27512
A_{15}	V_{PP}	V_{PP}	V_{PP}			1		27512 27256 27128 2764		28			V_{CC}	V_{CC}	V_{CC}	V_{CC}
A_{12}	A_{12}	A_{12}	A_{12}			2				27			$\overline{PMG}$	$\overline{PMG}$	A_{14}	A_{14}
A_7	A_7	A_7	A_7	A_7	A_7	3	1		24	26	V_{CC}	V_{CC}	NC	A_{13}	A_{13}	A_{13}
A_6	A_6	A_6	A_6	A_6	A_6	4	2		23	25	A_8	A_8	A_8	A_8	A_8	A_8
A_5	A_5	A_5	A_5	A_5	A_5	5	3		22	24	A_9	A_9	A_9	A_9	A_9	A_9
A_4	A_4	A_4	A_4	A_4	A_4	6	4		21	23	A_{11}	A_{11}	A_{11}	A_{11}	A_{11}	A_{11}
A_3	A_3	A_3	A_3	A_3	A_3	7	5		20	22	$\overline{OE}$	$\overline{OE}/V_{PP}$	$\overline{OE}$	$\overline{OE}$	$\overline{OE}$	$\overline{OE}/V_{PP}$
A_2	A_2	A_2	A_2	A_2	A_2	8	6	2732 2716	19	21	A_{10}	A_{10}	A_{10}	A_{10}	A_{10}	A_{10}
A_1	A_1	A_1	A_1	A_1	A_1	9	7		18	20	$\overline{CE}$	$\overline{CE}$	$\overline{CE}$	$\overline{CE}$	$\overline{CE}$	$\overline{CE}$
A_0	A_0	A_0	A_0	A_0	A_0	10	8		17	19	O_7	O_7	O_7	O_7	O_7	O_7
O_0	O_0	O_0	O_0	O_0	O_0	11	9		16	18	O_6	O_6	O_6	O_6	O_6	O_6
O_1	O_1	O_1	O_1	O_1	O_1	12	10		15	17	O_5	O_5	O_5	O_5	O_5	O_5
O_2	O_2	O_2	O_2	O_2	O_2	13	11		13	16	O_4	O_4	O_4	O_4	O_4	O_4
GND	GND	GND	GND	GND	GND	14	12		14	15	O_3	O_3	O_3	O_3	O_3	O_3

图 7 – 2　EPROM 芯片管脚及其兼容性能

片。这些应用参数主要有最大读取时间、电源容差、工作温度以及老化时间等。如果所选择的型号不能满足使用环境要求时，会造成工作不可靠，甚至不能工作。

③选用的锁存器不同，电路连接不同。目前使用最多的几种锁存器管脚均不能兼容。

④Intel 公司的通用 EPROM 芯片管脚有一定的兼容性，在电路设计时应充分考虑其兼容特点。例如，为了保证 2764、27128、27256 在电路中的兼容，可将第 26、27 管脚的印刷电路连线做成易于改接的形式。

（4）EEPROM（Electrically Erasable Programmable，电可擦可编程只读存储器）

电擦除可编程只读存储器 EEPROM 是近年来 Intel 公司推出的新产品，国内也刚刚研制成功。它的主要特点是能在计算机系统中进行在线修改，并能在断电的情况下保持修改的结果。因此，自从 EEPROM 问世以来，在智能化仪器仪表、控制装置、终端机、开发装置等各种领域中受到极大的重视。按照 EEPROM 与处理器之间的信息交换方式来划分，EEPROM 可分为并行 EEPROM（如：2817A 、2864A）和串行 EEPROM（如：NCR59308）两种。

表 7 – 2　Intel 公司 EEPROM 典型产品主要性能

器件型号	单位	2816	2816A	2817	2817A	2864A
容　量	位	$2K \times 8$	$2K \times 8$	$2K \times 8$	$2K \times 8$	$2K \times 8$
取数时间	ns	250	200/250	250	200/250	250
读操作电压 V_{PP}	V	5	5	5	5	5
写/擦操作电压 V_{PP}	V	21	5	21	5	5
字节擦除时间	ms	10	9 ~ 15	10	10	10
写入时间	ms	10	9 ~ 15	10	10	10
封　装		DIP24	DIP24	DIP28	DIP28	DIP28

其功能与使用方式与 EPROM 一样,不同之处是清除数据的方式,它是以约 20V 的电压来进行清除的。另外它还可以用电信号进行数据写入。这类 ROM 内存多应用于即插即用(PnP)接口中。

①EEPROM 的应用特性

a. 对硬件电路没有特殊要求,操作使用十分简单;

b. 采用 +5V 电擦除的 EEPROM,通常不须设置单独的擦除操作,可在写入的过程中自动擦除。

但目前擦抹时间尚较长,约需 10 ms 左右,故要保证有足够的写入时间。有的 EEPROM 芯片设有写入结束标志可供中断或查询。

c. EEPROM 器件大多是并行总线传输的。但也有采用串行数据传送的 EEPROM,串行 EEPROM 具有体积小、成本低、电路连接简单、占用系统地址线和数据线少的优点,但数据传送速率较低。

d. EEPROM 可作为程序存储器使用,也可作为数据存储器使用,连接方式较灵活。

②EEPROM 典型产品介绍

下面主要介绍 Intel 公司的 EEPROM 典型产品,常见的型号有 2816、2816A、2817、2817A、2864A 等。表 7 - 2 给出了这些产品的主要性能。

a. 2816A

图 7 - 3 为 2816A 的引脚和逻辑符号图,由图可以看出 2816/2816A 与 2716EPROM 管脚兼容,只是编程写入电压不同。表 7 - 3 表示了 2816A 的工作方式选择。

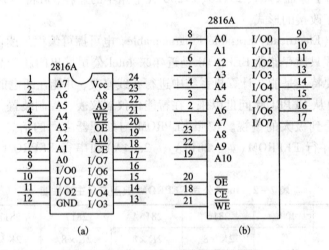

图 7 - 3   2816A 的引脚和逻辑符号图

b. 2817A

2817A 是新一代电擦除电可编程只读存储器,片内的每个单元可经受 10000 次的擦除/写入循环。每次写入的数据可保存 10 年以上。2817A 存储容量为 2K ×8 位,采用单一 +5V 电源供电,工作电流为 150 mA,维持电流为 55 mA,读出时间最大为 250 ns。由于其片内设有编程所需的高压脉冲产生电路,因此不必外加编程电源和编程脉冲即可工作。2817A 为 28 脚双列直插式封装。

图 7 - 4 为 2817A 的引脚和逻辑符号图，由图可以看出 2817A 有"擦、写完毕"联络信号引出端 RDY/$\overline{\text{BUSY}}$。在擦、写操作期间 RDY/$\overline{\text{BUSY}}$脚为低电平，当字节擦、写完毕时，RDY/$\overline{\text{BUSY}}$脚为高电平。表 7 - 4 表示了 2817A 的工作方式选择。

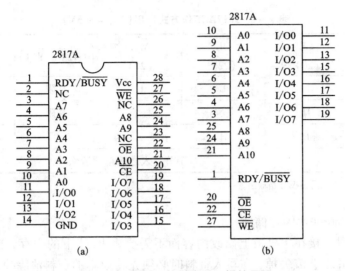

图 7 - 4　2817A 的引脚和逻辑符号图

表 7 - 3　2816A 工作方式

工作方式 ＼ 管脚	$\overline{\text{CE}}$	$\overline{\text{OE}}$	$\overline{\text{WE}}$	输入/输出
读	L	L	H	D_{OUT}
维 持	H	任意	任意	高 阻
字节擦除	L	H	L	$D_{IN} = H$
字节写入	L	H	L	D_{IN}
全片擦	L	+ 10 ~ + 15V	L	$D_{IN} = H$
不操作	L	H	H	高 阻
E/W 禁止	H	H	L	高 阻

2817A 采用了 HMOS - E 工艺，因而提高了片内的集成度，使之具有地址锁存器、数据锁存器和写定时电路，故无须外加硬件逻辑即可直接与 80C51 系列单片机以及其他 Intel 公司生产的微处理器总线相连，大大简化了系统设计。2817A 的读操作与普通 EPROM 的读操作相同，所不同的只是可以在线进行字节的写入操作。2817A 在写入一个字节的指令码或数据之前，自动地对所要写入的单元进行擦除，而不必进行专门的字节/芯片擦除操作。可见，使用 2817A EEPROM 就如同使用静态 RAM 一样方便。当向 2817A 发出字节写入命令后，2817A 便锁存地址、数据及控制信号，从而启动一次写操作。2817A 的写入时间大约为 16 ms 左右，在此期间，2817A 的 RDY/$\overline{\text{BUSY}}$脚呈低电平，表示 2817A 正在进行

写操作,此时它的数据总线呈高阻状态,因而允许 CPU 在此期间执行其他任务。一旦一次字节写入操作完毕,2817A 便将 RDY/BUSY 脚置高电平,通知 CPU。CPU 又可以对 2817A 进行新的读/写操作。

表 7 - 4   2817A 工作方式选择(V_{CC} = +5V)

	$\overline{\text{CE}}$ (20)	$\overline{\text{OE}}$ (22)	$\overline{\text{WE}}$ (27)	RDY/$\overline{\text{BUSY}}$(1)	输入/输出 (11 ~ 13, 15 ~ 19)
读	L	L	H	高阻	D_{OUT}
维持	H	任意	任意	高阻	高阻
字节写入	L	H	L	L	D_{IN}
字节擦除	字节写入之前自动清除				

注:表中 RDY/$\overline{\text{BUSY}}$ 线是漏极开路输出。

(5)Flash Memory(快闪存储器)

这是一种可以直接在主机板上修改内容而不需要将 IC 拔下的内存,当电源关掉后储存在里面的资料并不会流失掉,在写入资料时必须先将原本的资料清除掉,然后才能再写入新的资料,缺点为写入资料的速度太慢。

2.程序存储器扩展

单片机外部存储器扩展思路是:根据访问的基本时序及工作速度,选择相应的存储器芯片,并根据系统要求选择合适的容量。一般来说,这二种选择都应留有余量。

(1)外部程序存储器扩展原理及时序

80C51 单片机扩展外部程序存储器的硬件电路如图 7 - 5 所示。

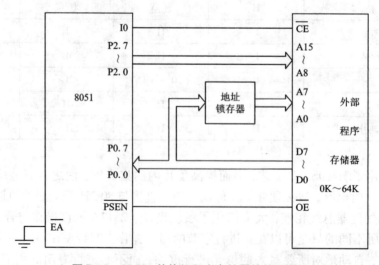

图 7 - 5   80C51 单片机程序存储器的扩展原理

80C51 单片机访问外部程序存储器时所使用的控制信号有 ALE(低 8 位地址锁存信号)和PSEN(外部程序存储器读取控制)。在外部存储器取指期间,P0 和 P2 口输出地址码

（PCL、PCH），其中 P0 口地址信号由 ALE 选通进入地址锁存器后变成高阻，等待从程序存储器中读取指令码。访问外部存储器的时序，见图 7 - 6。

从时序图中可以看出，80C51 的 CPU 在一个机器周期内，ALE 出现两个正脉冲，出现两个负脉冲。说明 CPU 在一个机器周期内可以两次访问外部程序存储器。应用 ALE 的下降沿锁存地址信息，在此有效期读取信息。

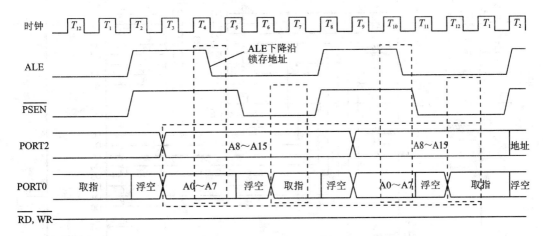

图 7 - 6 程序存储器的读周期

（2）EPROM 扩展电路

下面以 2716 为例介绍 EPROM 的使用。2716 的存储容量为 2K × 8 位，单一 + 5V 供电，运行时最大功耗 252 mW，维持功耗 132 mW，最大读出时间为 450ns，双列 24 引脚直插封装。引脚如图 7 - 2 所示。

2716 与 80C51 接口主要解决两个问题：一是硬件连接问题；二是根据实际连接确定芯片的地址。硬件接口如图 7 - 7 所示。

由图 7 - 7 可确定 2716 芯片的地址，2716 使用 11 根地址线 A10 ~ A0，地址范围从全"0"到全"1"，由于 A15 ~ A11 没有使用，故地址范围是×××××00000000000B ~ ××××××11111111111B。而 0000000000000000B ~ 0000011111111111B（0000H ~ 7FFFH）是其中的一个地址范围。

（3）EEPROM 2816A 扩展电路

2816A 与 80C51 的接口电路如图 7 - 8 所示。图中采用了将外部数据存储器空间和程序存储器空间合并的方法，即将 $\overline{PSEN}$ 信号与 $\overline{RD}$ 信号相"与"，作为单一的公共存储器的读选通信号，这样 80C51 就可以对 2816A 进行读/写操作了。此外，为了方便起见，图中 2816A 的片选信号 $\overline{CE}$ 直接接地，在实际应用中应合理分配其地址空间，通过 74LS138 译码后作为 2816A 的片选信号。

由图 7 - 8 可确定 2816A 芯片的地址，2816A 使用 11 根地址线 A10 ~ A0，地址范围从全"0"到全"1"，由于 A15 ~ A11 没有使用，故地址范围是×××××00000000000B ~ ××××××11111111111B。而 0000000000000000B ~ 0000011111111111B（0000H ~ 7FFFH）是其中的一个地址范围。

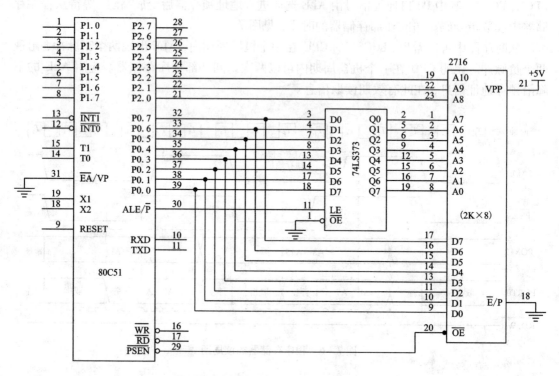

图 7 – 7　2716 与 80C51 的连接图

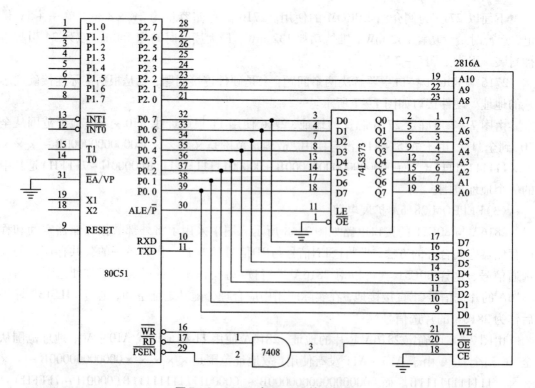

图 7 – 8　2816A 与 80C51 的连接图

7.2.2 数据存储器的扩展

读写存储器又称随机存取存储器(Random Access Memory)简称 RAM,它能够在存储器中任意指定的地方随时写入或读出信息;当电源掉电时,RAM 里的内容即消失。根据存储单元的工作原理,RAM 又分为静态 RAM 和动态 RAM。静态 RAM 用触发器作为存储单元存放 1 和 0,存取速度快,只要不掉电即可持续保持内容不变。一般静态 RAM 的集成度较低,成本较高。

动态 RAM 的基本存储电路为带驱动晶体管的电容。电容上有无电荷状态被视为逻辑 1 和 0。随着时间的推移,电容上的电荷会逐渐减少,为保持其内容必须周期性地对其进行刷新(对电容充电)以维持其中所存的数据,所以在硬件系统中也得设置相应的刷新电路来完成动态 RAM 的刷新,这样一来无疑增加了硬件系统的复杂程度,因此在单片机应用系统中一般不使用动态 RAM。

静态 RAM 的基本存储电路为触发器,每个触发器存放一位二进制信息,由若干个触发器组成一个存储单元,再由若干存储单元组成存储器矩阵,加上地址译码器和读/写控制电路就组成静态 RAM。与动态 RAM 相比,静态 RAM 无须考虑保持数据而设置的刷新电路,故扩展电路较简单。但由于静态 RAM 是通过有源电路来保持存储器中的数据,因此,要消耗较多功率,价格也较高。

RAM 内容的存取是以字节为单位的,为了区别各个不同的字节,将每个字节的存储单元赋予一个编号,该编号就称为这个存储单元的地址,存储单元是存储的最基本单位,不同的单元有不同的地址。在进行读写操作时,可以按照地址访问某个单元。

由于集成度的限制,目前单片 RAM 容量很有限,对于一个大容量的存储系统,往往需要若干 RAM 组成,而读/写操作时,通常仅操作其中一片(或几片),这就存在一个片选问题。RAM 芯片上特设了一条片选信号线,在片选信号线上加入有效电平,芯片即被选中,可进行读/写操作,未被选中的芯片不工作。片选信号仅解决芯片是否工作的问题,而芯片执行读还是写则还需有一根读写信号线,所以芯片上必须设置读/写控制线。

80C51 芯片内不仅有 128 字节的 RAM 存储器,它们可以作为工作寄存器、堆栈、软件标志和数据缓冲器。CPU 对其内部 RAM 有丰富的操作指令,因此这个 RAM 存储器是十分珍贵的资源,应合理地利用片内 RAM 存储器,充分发挥它的作用。但在实时数据采集和处理应用系统中,仅靠片内 RAM 存储器还是远远不够的,因而必须扩展外部数据存储器。常用的数据存储器有静态 RAM 和动态 RAM 两种。在单片机应用系统中为避免动态 RAM 的刷新问题,通常使用静态 RAM,如 SRAM 6116 、6264 等。下面主要讨论静态 RAM 与 80C51 的接口。

1. 外部数据存储器的扩展方法及时序

单片机扩展外部 RAM 的原理图见图 7-9 所示,数据存储器只是用 $\overline{WR}$、$\overline{RD}$ 扩展线而不使用 $\overline{PSEN}$。因此,数据存储器和程序存储器地址空间完全重叠,均为 0000H ~ 0FFFFH,但数据存储器与 I/O 端口及外部设备是统一编址的,即任何扩展的 I/O 端口及外部设备均占用数据存储器的地址空间。

80C51 单片机读写外部数据存储器的时序如图 7-10 所示。在图 7-10(a)的外部 RAM 读周期中,P2 口输出高 8 位地址,P0 口分时传送低 8 位地址和数据。ALE 的下降沿

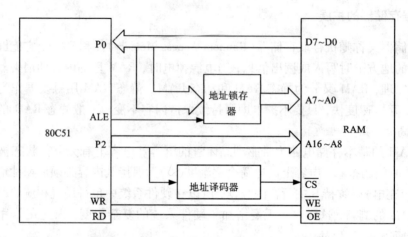

图 7 – 9 80C51 单片机数据存储器扩展原理

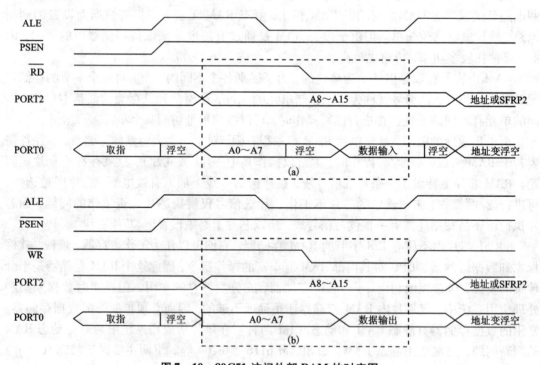

图 7 – 10 80C51 访问外部 RAM 的时序图

(a)数据存储器的读周期;(b)数据存储器的写周期

将低 8 位地址打入地址锁存器后,P0 口变为输入方式。$\overline{RD}$ 的有效选通外部 RAM,相应存储单元的内容送到 P0 口,由 CPU 读入累加器。

外部 RAM 写操作时,时序如图 7 – 10(b)所示。其操作过程与读周期类似。写操作时,在 ALE 下降为低电平后,$\overline{WR}$ 信号才有效,P0 口上出现的数据写入相应的存储单元。

2. 静态 RAM 的扩展

下面以静态 RAM 6264 为例，介绍 80C51 单片机静态 RAM 的扩展。

6264 是 8K×8 位的静态 RAM，采用 CMOS 工艺制造，单 +5V 电源供电，额定功耗 200 mW，典型存取时间 200ns。

80C51 单片机与 6264 的接口电路如图 7 - 11 所示。电路中 6264 的地址线 A12 ~ A0 与锁存器的输出及 P2 的对应线相连，6264 的数据线 D7 ~ D0 与 P0 口对应相连，6264 的控制线 OE 和 WE 与 80C51 的 RD 和 WR 对应相连，CS2 接 80C51 的 P2.7，CS1 接地。按照这种片选的方式，6264 的 8KB 地址范围并不唯一（因为 A14A13 可为任意值），其地址范围是：1 × ×0000000000000B ~ 1 × ×1111111111111B，而 1000000000000000B ~ 1001111111111111B（ 8000H ~ 9FFFH）是其中的一个地址范围。

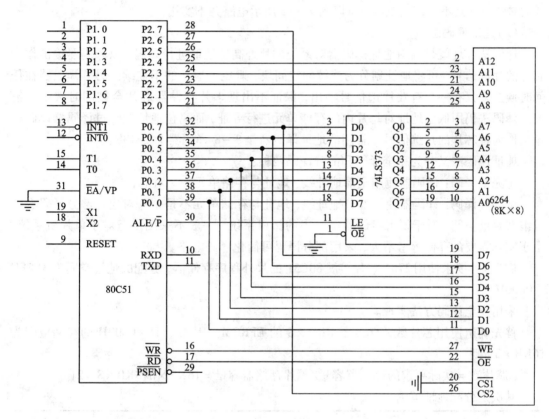

图 7 - 11　6264 与 80C51 的连接图

3. 多片存储器芯片的扩展

上面讨论的是 80C51 扩展一片 EPROM 或 RAM 的方法。在实际应用中可能需要扩展多片 EPROM 或 RAM。如果用 2764A 扩展 64K×8 的 EPROM，就需要 8 片 2764A。当 CPU 通过指令"MOVC A @ A + DPTR"发出读 EPROM 操作时，P2、P0 发出的地址信号应能满足选择其中一片的一个单元，即 8 片 2764A 不应该同时被选中，这就是所谓的片选。片选的方法有两种：线选法和地址译码法。

（1）线选法

线选法使用 P2、P0 口的低位地址线对每个芯片内的统一存储单元进行寻址，称为字选。所需地址线数由每片的存储单元数决定，对于 8K×8 容量的芯片需要 13 根地址线 A12~A0，然后将余下的高位地址线分别接到每个存储芯片的片选端。图 7-12 是利用线选法，用 3 片 2746 扩展 24K×8 位 EPROM 的电路图。

线选法的优点是，硬件简单，不需要地址译码器，用于芯片不太多的情况；缺点是：

①每个存储器芯片之间的地址不连续，因此，当程序较大一片 EPROM 不能装下时，也不能使用此法来扩展程序存储器。

②线选法容易出现多片存储器芯片会被同时选中的情况，如图 7-12 所示电路，当 P2.7 = P2.6 = P2.5 = 0，也就是当地址 A15A14A13 = 000B 时，MEM1、MEM2 和 MEM3 被同时选中，这是不允许出现的，所以图 7-12 所示电路并不实用。

（2）地址译码法

译码法寻址就是利用地址译码器对系统的片外高位地址进行译码，以译码器输出作为芯片的片选信号，可将地址划分为连续的空间块，避免了地址的不连续。另外译码器在任何时候至多仅有一个有效片选信号输出，保证不出现多片存储器芯片会被同时选中的情况。译码法仍用低位地址对每片内的存储单元进行寻址，而高位地址线经过译码器译码后输出作为各芯片的片选信号。常用的地址译码器是 3-8 译码器 74LS138。

地址译码法又分为完全译码和部分译码两种：

①完全译码：译码器使用全部地址线，地址与存储单元一一对应；

②部分译码：译码器使用部分地址线，地址与存储单元不是一一对应。部分译码会大量浪费寻址空间，对于要求存储器空间大的微机系统，一般不采用。但对于单片机系统，由于实际需要的存储容量不大，采用部分译码可简化译码电路。

例 7.1　要求使用 2764 芯片扩展 80C51 的片外程序存储器，分配的地址空间为 3FFFH~0000H。

采用完全译码方法实现。

首先确定使用芯片数，2764 是 8KB×8 的 EPROM。因 3FFFH~0000H 的存储空间为 16KB×8，则

芯片数 = 实际要求的存储器容量/单片存储器容量 = 16KB×8/8KB×8 = 2（片）

其次是分配地址范围

芯片编号	A15	A14	A13	A12…A0	地址范围
	0	0	0	0…0	0000H
1#	0	0	0	~	~
	0	0	0	1…1	1FFFH
	0	0	1	0…0	2000H
2#	0	0	1	~	~
	0	0	1	1…1	3FFFH

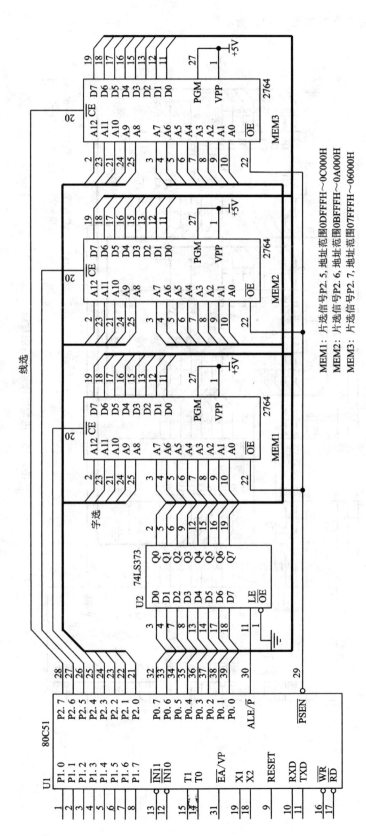

图7-12　用线选法实现片选

MEM1：片选信号P2.5，地址范围0DFFFH～0C000H
MEM2：片选信号P2.6，地址范围0BFFFH～0A000H
MEM3：片选信号P2.7，地址范围07FFFH～06000H

最后画出扩展电路图如图 7 - 13 所示。

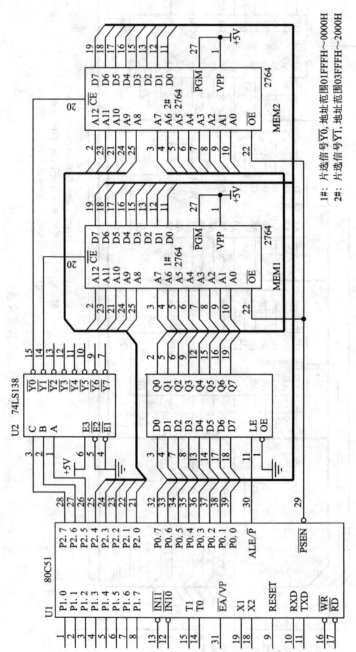

图7-13 用地址译码法实现片选

7.3　并行 I/O 口的扩展

计算机通过输入/输出设备和外界进行通信。计算机所用的程序、数据以及现场采集的各种信息都要通过输入设备输入计算机。而计算的结果和计算机产生的各种控制信号要输出到各种输出装置或受控部件。但是一般来讲，计算机的三条总线并不直接和外部设备相连接，而是通过各种接口电路再接到外部设备。接口电路也叫做输入/输出(Input/Output)接口电路，简称 I/O 接口电路，一般它们都是一些大规模集成电路芯片，但是，单片微型计算机本身就集成有一定的 I/O 接口电路，计算机与存储器的连接并不需要通过 I/O 接口电路，而是通过本身的三条总线直接连接，为什么计算机不能通过三条总线与外设连接，而一定要通过 I/O 接口电路呢？这是本节首先要解决的问题。

7.3.1　I/O 接口电路的功能

计算机与外设的信息传递需要经过 I/O 接口的主要原因是：

1.协调高速计算机与低速外设的速度匹配问题

外部设备的一个普遍特点是工作速度较低，例如一般的打印机打印一个印刷字符需要几十毫秒，而计算机向外输送一个字符的信息只需若干微秒，两者工作速度的差别为几百倍甚至几千倍。另一方面微机系统的数据总线是与各种设备以及存储器传递信息的公共通道，任何设备都不允许长期占用，而仅允许被选中的设备在计算机向外传送信息时享用数据总线，在这么短的时间内，外设不可能启动并完成工作，相当于打印机刚要开始打印，字符信息就消失了。因此，向外传送的数据必须有一个锁存器锁存，计算机的 CPU 将数据传送到锁存器后就可以继续执行其他指令。外设则从锁存器中取得数据。这样的数据锁存器就是一种最简单的接口电路。

2.提供输入/输出过程中的状态信号

由于计算机和外设之间工作速度的差异，使得计算机不能够随意地向外设传送信息。在输出信息时，计算机必须在外设把上次送出的信息处理完毕，再送出下一个信息；在输入信息时，计算机也必须知道外设是否已把数据准备好，只有准备好时才能进行输入操作。也就是说，计算机在与外设交换数据之前，必须知道外设的状态，即外设是否准备就绪的状态。而这种状态信息的产生和传递，也就是接口电路的任务之一。

这种状态信息的交互，有时还是双向的，即计算机还要向外部设备提供状态信息，在接口电路中，计算机和外设之间状态信号的配合，特别是时间上的配合，将是接口设计中最主要的任务之一。当然，状态信号的产生主要还是由外设决定的，接口电路只是作为桥梁来传递这种信息。

3.解决计算机信号与外设信号之间的不一致

计算机信号与外设需要或提供的信号在许多场合是不一致的，为了解决这个问题，必须采用接口电路。

如串行口所采用的逻辑系统是负逻辑，负电平为"1"，正电平为"0"，和计算机采用的正逻辑正好相反，必须通过接口电路两者才能衔接。

又如计算机送出的信号都是并行数据，而对于外设来说，有的只能接受一位一位传送的串行数据，完成这种并－串、串－并变换的也需要接口电路来实现，这种接口一般称为串行接口。

有时候外部信号是模拟信号，而计算机信号是数字信号，也不能直接连接，此时需要用 A/D 或 D/A 转换接口实现模拟信号和数字信号之间的转换。

综上所述，接口电路主要是为了解决计算机与外设之间工作速度不一致、信号不一致而采用的。

7.3.2　简单并行 I/O 接口的扩展

80C51 系列单片机共有 4 个 8 位并行 I/O 口，这些 I/O 口一般是不能完全提供给用户使用的，在外部扩展存储器时，提供给用户使用的 I/O 口只有 P1 口和 P3 口的部分口线。因此在大部分的 80C51 单片机应用系统中都不可避免地要进行 I/O 口的扩展。扩展的 I/O 口与外部 RAM 统一编址，用户可以把外部 64KB 的 RAM 空间的一部分作为扩展 I/O 接口的地址空间，CPU 可以像访问外部 RAM 存贮单元那样访问 I/O 接口，即用"MOVX"指令对扩展 I/O 接口进行输入/输出操作。

扩展 I/O 接口所用芯片主要有通用可编程 I/O 芯片和 TTL、CMOS 锁存器、三态门电路芯片两大类。采用 TTL 电路或 CMOS 电路锁存器、三态门电路作为简单 I/O 口扩展芯片，是单片机应用系统中经常采用的方法。这种 I/O 口一般都是通过 P0 口扩展，具有电路简单、成本低、配置灵活、使用方便的优点。可以作为 I/O 口扩展芯片使用的 TTL 芯片有 373、377、244、245、273、367 等。实际应用中可根据系统对输入、输出的要求，选择合适的扩展芯片。

图 7－14 所示为采用 74LS244 作扩展输入、74LS273 作扩展输出的简单 I/O 扩展电路。P0 口为双向数据线，即能从 74LS244 输入数据，又能将数据传送给 74LS273 输出。输出控制信号由 P2.0 和 $\overline{WR}$ 合成，当二者同时为 0 电平时，"或"门输出 0，将 P0 口的数据锁存到 74LS273，其输出控制着发光二极管 LED。当某条线输出 0 电平时，该线上的 LED 发光。

输入控制信号由 P2.0 和 $\overline{RD}$ 合成，当二者同时为 0 电平时，"或"门输出 0，选通 74LS244，将外部信息输入到总线。当与 74LS244 相连的按键开关无键按下时，输入全为 1，若按下某键，则所在线输入为 0。

可见，输入和输出都是在 P2.0 为 0 时有效，因此它们的口地址为 FEFFH（实际只要保证 P2.0 = 0，与其他地址位无关），即占有相同的地址空间，但是由于分别用 $\overline{WR}$ 和 $\overline{RD}$ 信号控制，因而在逻辑上不会发生冲突。

系统中若有其他扩展芯片或其他输入/输出接口，则可用线选法或译码法将地址空间区分开。

对于图 7－14，如需要实现的功能是按下任意键，对应的 LED 发亮，则程序如下：

```
LOOP:    MOV DPTR, #0FEFFH        ; 数据指针指向扩展 I/O 口地址
         MOVX A, @DPTR           ; 从 244 读入数据，检测按钮
         MOVX @DPTR, A           ; 向 273 输出数据，驱动 LED
         SJMP LOOP               ; 循环
```

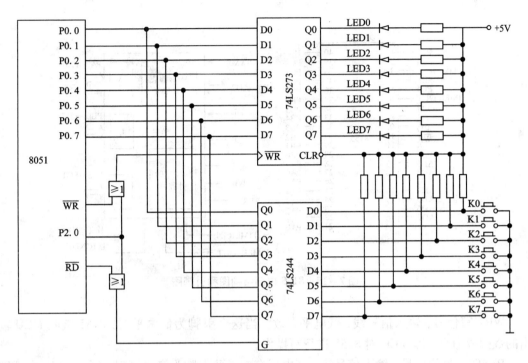

图 7 - 14　简单 I/O 接口扩展电路

7.3.3　可编程接口电路的扩展

可编程接口是指其功能可由指令来加以改变的接口芯片。目前，各计算机厂家已生产了很多系列的可编程接口芯片，篇幅所限不能一一加以介绍，在此仅介绍在 80C51 单片机中常用的一种接口芯片：8155 可编程通用并行接口芯片。

1.8155 的内部逻辑结构及外部引脚

（1）8155 的结构

8155 由三部分组成，即：存储单元为 256 字节的静态 RAM；3 个可编程的 I/O，其中 2 个口（A 口和 B 口）为 8 位口，1 个口（C 口）为 6 位口；1 个 14 位的定时器/计数器。其内部结构图和引脚见图 7 - 15 所示。

（2）8155 的引脚

8155 的引脚如图 7 - 15 所示。8155 共有 40 个引脚，现根据它们的功能分类叙述如下：

①数据总线引脚：D0 ~ D7、PA0 ~ PA7、PB0 ~ PB7、PC0 ~ PC5，此 30 条数据线均为双向三态，其中 D0 ~ D7 用于传送 CPU 与 8155 之间的命令与数据，PA0 ~ PA7、PB0 ~ PB7、PC0 ~ PC5 分别与 A、B、C 三个口对应，用于 8155 与外设之间传送数据。

②控制引脚：$\overline{RD}$、$\overline{WR}$、RESET、ALE、IO/$\overline{M}$、$\overline{CE}$

$\overline{RD}$：读信号，输入信号线，低电平有效。当这个引脚为低电平时，8155 输出数据或状态信息到 CPU，即 CPU 对 8155 进行读操作。

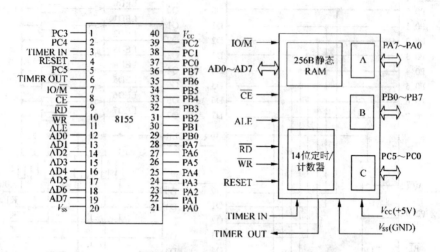

图 7 - 15　8155 内部结构图和引脚图

$\overline{\text{WR}}$：写信号，输入信号线，低电平有效。当这个引脚为低电平时，8155 接收 MCU 输出的数据或命令，即 MCU 对 8155 进行写操作。

RESET：复位信号，输入信号线，高电平有效。此引脚为高电平时，所有 8155 内部寄存器都清零。所有通道都设置为输入方式。24 条 I/O 引脚为高阻状态。

ALE：地址锁存线，高电平有效。

IO/$\overline{\text{M}}$：RAM 或 I/O 口的选择线。当 IO/$\overline{\text{M}}$ 为 0 时，选中 8155 的 256B RAM；当 IO/$\overline{\text{M}}$ 为 1 时，选中 8155 片内 3 个 I/O 端口以及命令/状态寄存器和定时/计数器。

$\overline{\text{CE}}$：片选信号，输入信号线，低电平有效。当这个引脚为低电平时，8155 被 MCU 选中。

③时钟引脚：TIMERIN、TIMEROUT

TIMERIN：定时器/计数器的计数脉冲输入端。

TIMEROUT：定时/计数器的输出信号端。

④电源引脚：V_{CC}、V_{SS}

V_{CC}：5V 电源引脚。

V_{SS}：电源的地线。

2. 8155 的定时器

8155 的定时器是一个 14 位的减法计数器，它能对输入定时器的脉冲进行计数，在达到最后计数值时，有一个矩形波或脉冲输出。

为了对定时器进行程序控制，首先装入计数长度。由于计数长度为 14 位（第 0 ~ 13 位），因每次装入的长度只能是 8 位，所以必须分两次装入。装入计数长度寄存器的值为 2H ~ 3FFFH。而第 14 ~ 15 位用来规定定时器的输出方式。定时器格式如图 7 - 16。

图 7 - 16 中最高两位（M2，M1）定义的定时器方式如表 7 - 4 所示。

15	14	13	12	11	10	9	8
M2	M1	T13	T12	T11	T10	T9	T8
计时器方式		计数长度高六位					

7	6	5	4	3	2	1	0
T7	T6	T5	T4	T3	T2	T1	T0
计数长度低八位							

图 7 - 16　8155 定时器格式

表 7 - 4　定时器方式定义表

M2 M1	方式	波形
00	0	单方波
01	1	连续方波
10	2	单脉冲
11	3	连续脉冲

应该注意，硬件复位信号的到达，会使 8155 计数器停止计数、直至由 WS 寄存器发出启动定时器命令为止。

7.3.4　80C51 和 8155 的接口方法和应用

80C51 单片机可以和 8155 直接连接，不需要任何外加电路，对系统增加 256 个字节的 RAM、22 位 I/O 线及一个计数器，80C51 和 8155 的接口方法如图 7 - 17 所示。I/O 口地址由表 7 - 5 得：7F00H ~ 7F05H。

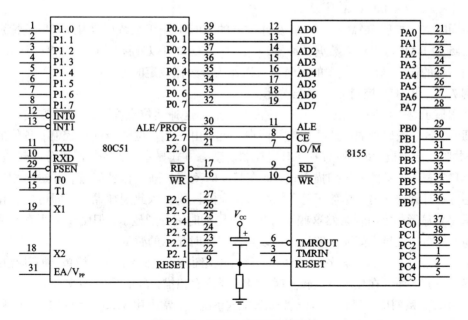

图 7 - 17　80C51 和 8155 的连接

表 7 – 5　8155 I/O 地址表

A7	A6	A5	A4	A3	A2	A1	A0	选择 I/O
×	×	×	×	×	0	0	0	命令状态寄存器
×	×	×	×	×	0	0	1	A 口
×	×	×	×	×	0	1	0	B 口
×	×	×	×	×	0	1	1	C 口
×	×	×	×	×	1	0	0	定时器低 8 位
×	×	×	×	×	1	0	1	定时器高 6 位及方式

若 A 口定义为基本输入方式，B 口定义为基本输出方式，定时器作为方波发生器，对 80C51 的晶振频率进行 24 分频（但需注意 8155 的最高计数频率约 4 MHz），则 8155 I/O 口初始化程序如下：

```
START: MOV DPTR, #7F04H      ;定时器低 8 位送#18H(24D)
       MOV A, #18H
       MOVX @ DPTR, A
       INC DPTR              ; DPTR + 1→DPTR = #7F05H
       MOV A, #40H           ;定时器高 6 位送 000000B，工作方式为连续方波，对晶振 24 分频
       MOVX @ DPTR, A
       MOV DPTR, #7F00H      ;命令状态口
       MOV A, #002H
       MOVX @ DPTR, A
```

在同时需要扩展 RAM 和 I/O 口及计数器的 80C51 应用系统中选用 8155 是特别经济的。8155 的 RAM 可以作为数据缓冲器，8155 的 I/O 口可以外接打印机、A/D、D/A、键盘等控制信号的输入输出，8155 的定时器可以作为分频器或定时器。

例 7.2　用 8155 控制 LED 动态显示。

动态显示是一位一位地轮流点亮各位数码管，这种逐位点亮显示器的方式称为位扫描。通常，各位数码管的段选线相应并联在一起，由一个 8 位的 I/O 口控制；各位的位选线（公共阴极或阳极）由另外的 I/O 口线控制。动态方式显示时，各数码管分时轮流选通，要使其稳定显示，必须采用扫描方式，即在某一时刻只选通一位数码管，并送出相应的段码，在另一时刻选通另一位数码管，并送出相应的段码。依此规律循环，即可使各位数码管显示将要显示的字符。虽然这些字符是在不同的时刻分别显示，但由于人眼存在视觉暂留效应，只要每位显示间隔足够短就可以给人以同时显示的感觉。

采用动态显示方式比较节省 I/O 口，硬件电路也较静态显示方式简单，但其亮度不如静态显示方式，而且在显示位数较多时，CPU 要依次扫描，占用 CPU 较多的时间。

用 80C51 系列单片机构建数码管动态显示系统时，常采用 8155 可编程 I/O 扩展接口，其典型应用如图 7 – 18 所示。

动态显示：扫描每位 LED 的间隔时间不能超过 20 ms，并注意保持延迟一段时间。

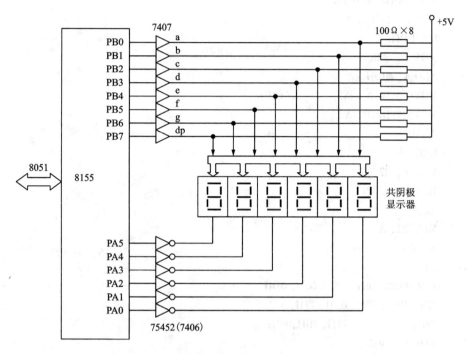

图 7 – 18　6 只 LED 动态显示接口

DIS 显示子程序流程图如图 7 – 19 所示，程序代码如下：

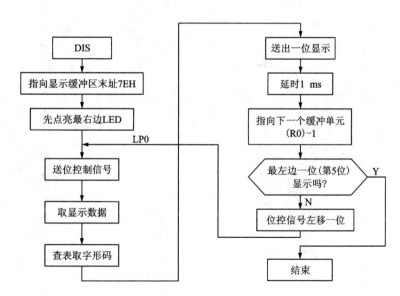

图 7 – 19　DIS 显示子程序流程图

```
DIS：    MOV R0, #7EH            ;显示缓冲区
         MOV R2, #01H            ;位码
         MOV A, R2
```

```
LP0:    MOV DPTR, #7F01H
        MOVX @ DPTR, A
        INC DPTR
        MOV A, @ R0
        ADD A, #0DH
        MOVC A, @ A + PC          ; 段码
        MOVX @ DPTR, A
        ACALL D1MS
        DEC R0
        MOV A, R2
        JB ACC. 5, LP1
        RL A
        MOV R2, A
        AJMP LP0
LP1:    RET
DB      3FH, 06H, 5BH, 4FH, 66H, 6DH
DB      7DH, 07H, 7FH, 6FH, 77H, 7CH
DB      39H, 5EH, 79H, 71H, 40H, 00H
D1MS:   MOV R7, #02H
DL:     DJNZ R6, DL1
DL1:    DJNZ R7, DL
        RET
```

第 8 章　80C51 单片机的 A/D 和 D/A 转换

　　模/数、数/模转换技术在测量和控制技术中非常重要，现代模/数、数/模转换器件也在飞速的发展。本章着重从转换原理再到应用角度分析几种典型的 A/D，D/A 电路芯片以及相应的软硬件设计。介绍了数模转换器 DAC 的基本原理及多种数模转换器 DAC 的主要性能指标，模数转换器 ADC 的基本原理及多种模数转换器 ADC 的主要性能指标，常用集成 DAC、ADC 芯片及其使用方法。所以本章的学习要点就是掌握倒 T 形电阻网络 D/A 转换器(DAC)、集成 D/A 转换器的工作原理及相关计算，掌握并行比较、逐次比较、双积分 A/D 转换器(ADC)的工作原理及其特点，正确理解 D/A、A/D 转换器的主要参数。

8.1　概述

8.1.1　模拟量与数字量概述

　　1. 模拟量

　　在时间上或数值上都是连续的物理量称为模拟量。把表示模拟量的信号叫模拟信号。把工作在模拟信号下的电子电路叫模拟电路。例如：热电偶在工作时输出的电压信号就属于模拟信号，因为在任何情况下被测温度都不可能发生突跳，所以测得的电压信号无论在时间上还是在数量上都是连续的。而且，这个电压信号在连续变化过程中的任何一个取值都是具体的物理意义，即表示一个相应的温度。常见的模拟量输入/输出信号有：4～20 mA、0～10 mA、1～5 V、0～5 V、0～10 V、其他电压或者毫伏级信号等。

　　2. 数字量

　　在时间上和数量上都是离散的物理量称为数字量。把表示数字量的信号叫数字信号。把工作在数字信号下的电子电路叫数字电路。例如：用电子电路记录从自动生产线上输出的零件数目时，每送出一个零件便给电子电路一个信号，使之记 1，而平时没有零件送出时加给电子电路的信号是 0。可见，零件数目这个信号无论在时间上还是在数量上都是不连续的，因此它是一个数字信号。最小的数量单位就是 1。常见的数字量输入/输出信号有：一般指开关量(如温度开关、压力开关、液位开关等)，通俗地说就是要么断开，要么闭合，分别对应"0"和"1"。

8.1.2　转换过程概述

　　能将模拟量转换为数字量的电路称为模数转换器，简称 A/D 转换器或 ADC；能将数字量转换为模拟量的电路称为数模转换器，简称 D/A 转换器或 DAC。模数转换器和数模转换器是沟通模拟电路和数字电路的桥梁，也可称之为两者之间的接口。

8.2 数模转换

8.2.1 数模转换基本原理

数字量是用代码按数位组合而成的,对于有权码,每位代码都有一定的权值,如能将每一位代码按其权的大小转换成相应的模拟量,然后,将这些模拟量相加,即可得到与数字量成正比的模拟量,这样,就可以实现数字量 – 模拟量的转换。其原理框图如图 8 – 1 所示,其中 $D(D_{n-1}D_{n-2}\cdots D_1D_0)$ 为输入的 n 位二进制数,S_A 为输出的模拟信号,U_{REF} 为实现数/模转换所必需的参考电压(也称基准电压)U_{REF},它们三者之间满足如下比例关系:

$$S_A = KDU_{REF}$$

式中,K 为比例系数,不同的 DAC 有各自不同的 K 值;D 为输入的 n 位二进制数所对应的十进制数值。

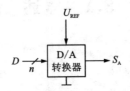

图 8 – 1 数模转换原理框图

另外必须指出,n 位二进制代码有 2^n 种不同的组合,从而对应有 2^n 个模拟电压(或电流)值,所以严格地讲 DAC 的输出并非真正的模拟信号,而是时间连续、幅度离散的信号。

8.2.2 数模转换器的内部构成

D/A 主要由数字寄存器、模拟电子开关、位权网络、求和运算放大器和基准电压源(或恒流源)组成。用存于数字寄存器的数字量的各位数码,分别控制对应位的模拟电子开关,使数码为 1 的位在位权网络上产生与其位权成正比的电流值,再由运算放大器对各电流值求和,并转换成电压值。其原理框图如图 8 – 2 所示。

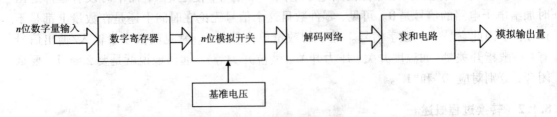

图 8 – 2 数模转换器原理框图

根据位权网络的不同,可以构成不同类型的数模转换器,如权电阻网络、T 形与倒 T

形电阻网络、权电流型、双极性等数模转换器。现在分别介绍如下。

1．权电阻网络型

权电阻网络数模转换器的转换精度取决于基准电压 U_{REF}，以及模拟电子开关、运算放大器和各权电阻值的精度。它的缺点是各权电阻的阻值都不相同，位数多时，其阻值相差甚远，这给保证精度带来很大困难，特别是对于集成电路的制作很不利，因此在集成的数模转换器中很少单独使用该电路。

图 8 – 3 是 4 位权电阻网络 DAC 电路的原理图，该电路由四部分构成：

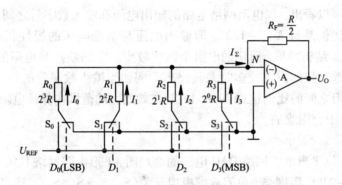

图 8 – 3　权电阻网络 DAC 电路原理图

（1）权电阻网络。该电阻网络由四个电阻构成，它们的阻值分别与输入的四位二进制数一一对应，满足以下关系：

$$R_i = 2^{n-1-i}R$$

式中，n 为输入二进制数的位数，R_i 为与二进制数 D_i 位相对应的电阻值，而 2^{n-1-i} 则为 D_i 位的权值，所以可以看出二进制数的某一位所对应的电阻的大小与该位的权值成反比，这就是权电阻网络名称的由来。

（2）模拟开关。每一个电阻都有一个单刀双掷的模拟开关与其串联，4 个模拟开关的状态分别由 4 位二进制数码控制。当 $D_i = 0$ 时，开关 S_i 打到右边，使电阻 R_i 接地；当 $D_i = 1$ 时，开关 S_i 打到左边，使电阻 R_i 接 U_{REF}。

（3）基准电压源 U_{REF}。作为 A/D 转换的参考值，要求其准确度高、稳定性好。

（4）求和放大器。通常由运算放大器构成，并接成反相放大器的形式。为了简化分析，在本章中将运算放大器近似看成是理想的放大器，即它的开环放大倍数为无穷大，输入电流为零（输入电阻无穷大），输出电阻为零。由于 N 点为虚地，当 $D_i = 0$ 时，相应的电阻 R_i 上没有电流；当 $D_i = 1$ 时，电阻 R_i 上有电流流过，大小为 $I_i = U_{REF}/R_i$。根据叠加原理，对于任意输入的一个二进制 $(D_3D_2D_1D_0)_2$，应有

$$
\begin{aligned}
I_{\Sigma} &= D_3 I_3 + D_2 I_2 + D_1 I_1 + D_0 I_0 \\
&= D_3 \frac{U_{REF}}{R_3} + D_2 \frac{U_{REF}}{R_2} + D_1 \frac{U_{REF}}{R_1} + D_0 \frac{U_{REF}}{R_0} \\
&= D_3 \frac{U_{REF}}{2^{3-3}R} + D_2 \frac{U_{REF}}{2^{3-2}R} + D_1 \frac{U_{REF}}{2^{3-1}R} + D_0 \frac{U_{REF}}{2^{3-0}R}
\end{aligned}
$$

$$= \frac{U_{\text{REF}}}{2^3 R} \sum_{i=0}^{3} D_i \times 2^i$$

求和放大器的反馈电阻 $R_F = R/2$，则输出电压 U_O 为

$$U_O = -I_\Sigma R_F = -\frac{U_{\text{REF}}}{2^4} \sum_{i=0}^{3} D_i \times 2^i$$

推广到 n 位权电阻网络 DAC 电路，可得

$$U_O = -\frac{U_{\text{REF}}}{2^n} \sum_{i=0}^{n-1} D_i \times 2^i$$

由上面两式可以看出，权电阻网络电路的输出电压和输入数字量之间的关系与描述完全一致。这里的比例系数 $K = -1/2^n$，即输出电压与基准电压的极性相反。权电阻网络 DAC 电路的优点是结构简单，所用的电阻个数比较少。它的缺点是电阻的取值范围太大，这个问题在输入数字量的位数较多时尤其突出。例如当输入数字量的位数为 12 位时，最大电阻与最小电阻之间的比例达到 2048∶1，要在如此大的范围内保证电阻的精度，对于集成 DAC 的制造是十分困难的。

2. T 形

图 8-4 为 4 位 T 形电阻网络 DAC 电路的原理图，T 形电阻网络 DAC 电路也由四部分构成，它们是 $R-2R$ 电阻网络、单刀双掷模拟开关（S_0、S_1、S_2、S_3）、基准电压 U_{REF} 和求和放大器。

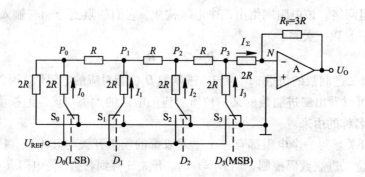

图 8-4　T 形电阻网络 DAC 电路原理图

4 个模拟开关由 4 位二进制数码分别控制，当 $D_i = 0$ 时，对应的开关 S_i 打到右边，使与之相串联的 2R 电阻接地；当 $D_i = 1$ 时，开关 S_i 打到左边，使 2R 电阻接基准电压 U_{REF}。该电路在结构上有以下特点：

① 如果不考虑基准电压源 U_{REF} 的内阻，那么无论模拟开关的状态如何，从 T 形电阻网络的节点（P_0、P_1、P_2、P_3）向左、向右或向下看的等效电阻都等于 2R，则从运算放大器的虚地点 N 向左看去，T 形电阻网络的等效电阻等于 3R。

② 当任意一位 $D_i = 1$，其余位 $D_j = 0$ 时，我们可以根据图 8-5 所示的等效电路，计算出流过该 2R 电阻支路的电流 $I_i = U_{\text{REF}}/3R$，并且这部分电流每流进一个节点时，都会向另外两个方向分流，分流系数为 1/2。

因此，当只有 $D_0 = 1$（即接 U_{REF}）时，其等效电路如图 8-6 所示。可以看出，经 S_0 流

出的电流 $I_0 = U_{\text{REF}}/3R$，它要经过四个节点的分流才能到达求和放大器。在每一节点处，由于向右和向下看的等效电阻都是 $2R$，所以在每一节点分流时的分流系数都是 $1/2$。因而，流向求和放大器的电流 I_0' 应为 $I_0/2^4$。

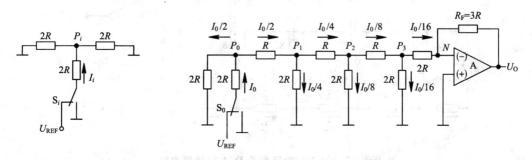

图 8－5　等效电路图　　　　　　　图 8－6　等效电路图

同理，当 D_1、D_2、D_3 各自单独为 1 时，流向求和放大器的电流分别为：$I_1' = I_1/2^3$，$I_2' = I_2/2^2$，$I_3' = I_3/2^1$。根据叠加原理，对任意输入的一个二进制数 $(D_3 D_2 D_1 D_0)_2$，流向求和放大器的电流 I_Σ 应为

$$
\begin{aligned}
I_\Sigma &= I_0' + I_1' + I_3' \\
&= \frac{1}{2^4} \frac{U_{\text{REF}}}{3R} (D_0 \times 2^0 + D_1 \times 2^1 + D_2 \times 2^2 + D_3 \times 2^3) \\
&= \frac{1}{2^4} \frac{U_{\text{REF}}}{3R} \sum_{i=0}^{3} D_i \times 2^i
\end{aligned}
$$

求和放大器的反馈电阻 $R_{\text{F}} = 3R$，则输出电压 U_0 为

$$
U_0 = -I_\Sigma R_{\text{F}} = -\frac{U_{\text{REF}}}{2^4} \sum_{i=0}^{3} D_i \times 2^i
$$

推广到 n 位 T 形电阻网络 DAC 电路，可得

$$
U_0 = -\frac{U_{\text{REF}}}{2^n} \sum_{i=0}^{n-1} D_i \times 2^i
$$

从上面过程可以看出它克服了权电阻网络 DAC 电路的缺点，无论 DAC 有多少位，电阻网络中只有 R 和 $2R$ 两种电阻，但电阻的个数却比相同位数的权电阻网络 DAC 增加了一倍。

3. 倒 T 形

4 位倒 T 形电阻网络 D/A 转换器的原理图如图 8－7 所示。由图中可以看出，解码网络电阻只有两种：即 R 和 $2R$。且构成倒 T 形。故又称为 $R-2R$ 倒 T 形电阻网络 DAC。其中 $S_0 \sim S_3$ 为模拟开关，$R-2R$ 电阻解码网络呈倒 T 形，运算放大器 A 组成求和电路。

工作原理：模拟开关 S_i，由输入数码 D_i 控制，当 $D_i = 1$ 时 S_i 接运算放大器反相端，电流 I_i 流入求和电路；当 $D_i = 0$ 时，S_i 则将电阻 $2R$ 接地。根据运算放大器线性运用的"虚地"的概念可知，无论模拟开关 S_i 处于何种位置，与 S_i 相连的 $2R$ 电阻均将接"地"（地或虚地）。其余类推，这样，流经 $2R$ 电阻的电流与开关位置无关，为确定值。分析 $R-2R$ 电

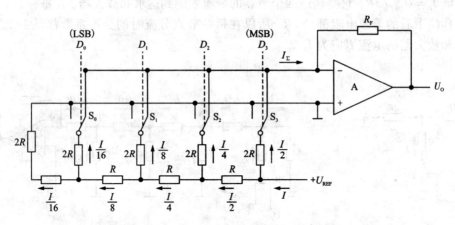

图 8 - 7　倒 T 形电阻网络 D/A 转换器电路

阻网络可以发现，从每个节点向左看的二端网络等效电阻均为 R，流入每个 $2R$ 电阻的电流从高位到低位按 2 的整数倍递减。设基准电压源电压为 U_{REF}，则总电流为 $I = U_{REF}/R$，则流过各开关支路的电流分别为 $I/2$、$I/4$、$I/8$ 和 $I/16$。

于是可得到各支路的总电流

$$I_{\Sigma} = \frac{U_{REF}}{R}\left(\frac{D_0}{2^4} + \frac{D_1}{2^3} + \frac{D_2}{2^2} + \frac{D_3}{2^1}\right) = \frac{U_{REF}}{2^4 \times R}\sum_{i=0}^{3}(D_i \cdot 2^i)$$

输出电压为

$$U_0 = -I_{\Sigma}R_F = -\frac{R_F}{R} \cdot \frac{U_{REF}}{2^4}\sum_{i=0}^{3}(D_i \cdot 2^i)$$

上式表明，对于在图 8 - 7 电路中输入的每一个二进制数，均能在其输出端得到与之成正比的模拟电压。

如将输入数字量扩展到 n 位，可得到 n 位倒 T 形电阻网络 D/A 转换器输出模拟量与输入数字量之间的关系式

$$U_0 = -\frac{U_{REF}}{2^n} \cdot \frac{R_F}{R}\left[\sum_{i=0}^{n-1}(D_i \cdot 2^i)\right]$$

将式中 $\frac{U_{REF}}{2^n} \cdot \frac{R_F}{R}$ 用 K 表示，中括号内的 n 位二进制数用 N_B 表示，则上式可改写为 $U_0 = -KN_B$。

倒 T 形电阻网络优缺点：

（1）各支路电流直接流入运算放大器的输入端，它们之间不存在传输上的时间差，提高了转换速度。

（2）减少了动态过程中输出端可能出现的尖脉冲。

（3）基准电压稳定性要好。

（4）倒 T 形电阻网络中 R 和 $2R$ 电阻比值的精度要高。

（5）每个模拟开关的开关电压降要相等，为实现电流从高位到低位按 2 的整数倍递减，模拟开关的导通电阻相应地按 2 的整数倍递增。

常用的 CMOS 开关倒 T 形电阻网络 D/A 转换器的集成电路有 AD7520（10 位）、DAC1210（12 位）及 AK7546（16 位高精度）等。

4. 权电流型

尽管倒 T 形电阻网络 D/A 转换器具有较高的转换速度，但由于电路中存在模拟开关电压降，当流过各支路的电流稍有变化时，就会产生转换误差。为进一步提高 D/A 转换器的精度，可采用权电流型 D/A 转换器。

权电流型 4 位权电流 D/A 转换器电路结构如图 8 – 8 所示。电路中，用一组恒流源代替了倒 T 形电阻网络。这组恒流源从高位到低位电流的大小依次为 $I/2$、$I/4$、$I/8$、$I/16$。

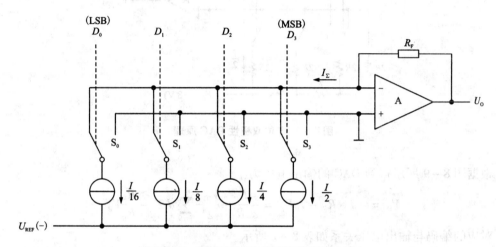

图 8 – 8   权电流 D/A 转换器的原理电路

工作原理：在图 8 – 8 所示电路中，当输入数字量的某一位数码 $D_i = 1$ 时，开关 S_i 接运算放大器的反相端，相应权电流流出求和电路；当 $S_i = 0$ 时，开关 S_i 接地。分析该电路，可得出

$$U_O = I_\Sigma R_F = R_F\left(\frac{I}{2}D_3 + \frac{I}{4}D_2 + \frac{I}{8}D_1 + \frac{I}{16}D_0\right)$$

$$= \frac{I}{2^4} \cdot R_F(D_3 \cdot 2^3 + D_2 \cdot 2^2 + D_1 2^1 + D_0 2^0)$$

$$= \frac{I}{2^4} \cdot R_F \sum_{i=0}^{3} D_i \cdot 2^i$$

权电流型转换器的优点：

（1）速度快。

（2）当采用了恒流源电路后，各支路权电流的大小均不受开关导通电阻和压降的影响，降低了对开关电路的要求，提高了转换精度。

电流型数模转换器则是将恒流源切换到电阻网络中，恒流源内阻极大，相当于开路，所以连同电子开关在内，对它的转换精度影响都比较小，又因电子开关大多采用非饱和型的 ECL 开关电路，使这种数模转换器可以实现高速转换，转换精度较高。

常用的单片集成权电流 D/A 转换器有 DAC0806、DAC0808 等。

5. 双极性型

在实际应用中，有时需要极性不同的正负电压输出，这时要求 D/A 转换器有双极性输出。其实现电路如图 8-9 所示。当输入数字量有正负极性时，输出的模拟电压也对应为正负。

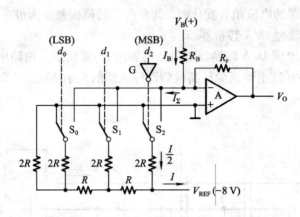

图 8-9 3 位双极性 DAC 原理

根据图 8-9 所示得到 DAC 的输出电压为

$$V_O = -I_\Sigma R_F - I_B R_B = -\frac{R_F}{R} \cdot \frac{V_{REF}}{2^n} \sum_{i=0}^{n-1} d_i 2^i - \frac{R_F}{R_B} V_B$$

对应的编码与输出电压关系如表 8-1 所示。

表 8-1 编码与输出电压关系

无符号二进制 $D_2 D_1 D_0$	对应输出 /V	偏移后的 输出/V	对应补码 $D_2 D_1 D_0$	对应十进 制数	要求输出 /V
000	0	−4	100	−4	−4
001	+1	−3	101	−3	−3
010	+2	−2	110	−2	−2
011	+3	−1	111	−1	−1
100	+4	0	000	0	0
101	+5	+1	001	+1	+1
110	+6	+2	010	+2	+2
111	+7	+3	011	+3	+3

8.2.3 数模转换器的主要性能参数

1. 分辨率

分辨率表明数模转换器对模拟量的分辨能力，它是最低有效位（LSB）所对应的模拟量,它确定了能由 D/A 产生的最小模拟量的变化。通常用二进制数的位数表示数模转换器的分辨率,如分辨率为 8 位的 D/A 能给出满量程电压的 $1/2^8$ 的分辨能力,显然数模转换器的位数越多,则分辨率越高。

2. 线性误差

D/A 的实际转换值偏离理想转换特性的最大偏差与满量程之间的百分比称为线性误差。

3. 建立时间

这是 D/A 的一个重要性能参数,定义为:在数字输入端发生满量程码的变化以后,D/A 的模拟输出稳定到最终值 ±1/2LSB 时所需要的时间。

4. 温度灵敏度

它是指数字输入不变的情况下,模拟输出信号随温度的变化。一般 D/A 转换器的温度灵敏度为 ±50PPM/℃。PPM 为百万分之一。

5. 输出电平

不同型号的 D/A 转换器的输出电平相差较大,一般为 5 ~ 10 V,有的高压输出型的输出电平高达 24 ~ 30 V。

8.2.4　D/A 转换芯片

D/A 转换器是指将数字量转换成模拟量的电路。数字量输入的位数有 8 位、12 位和 16 位等,输出的模拟量有电流和电压两种。数模转换器 DAC0832 为八位的 D/A 转换器件,下面介绍一下该器件的中文资料以及电路原理方面的知识。

1. 数模转换器 DAC0832 总述

DAC0832 是采用 CMOS 工艺制成的单片直流输出型 8 位数/模转换器。旨在直接与 8080,8048,8086,单片机等其他通用的微型处理器进行相接。存储的硅铬 $R - 2R$ 电阻梯形网络将参考电流分开,并为电路提供合适的温度处理特性(全范围最大线性温度误差的 0.05%)。电路利用 CMOS 电流开关和控制逻辑来取得最少的电能损耗和最小的输出泄漏电流。特殊的电路也能兼容 TTL 逻辑输入电平。其内部结构与封装图如图 8 - 10 所示。

数模转换器 DAC0832 芯片内有两级输入寄存器,使数模转换器 DAC0832 具备双缓冲、单缓冲和直通三种输入方式,以便适于各种电路的需要(如要求多路 D/A 异步输入、同步转换等)。D/A 转换结果采用电流形式输出。要是需要相应的模拟信号,可通过一个高输入阻抗的线性运算放大器实现这个功能。运放的反馈电阻可通过 R_{FB} 端引用片内固有电阻,还可以外接。该片逻辑输入满足 TTL 电压电平范围,可直接与 TTL 电路或微机电路相接。

(1)数模转换器 DAC0832 引脚功能说明

$DI_0 \sim DI_7$:数据输入线,TLL 电平。

ILE:数据锁存允许控制信号输入线,高电平有效。

$\overline{CS}$:片选信号输入线,低电平有效。

$\overline{WR_1}$:输入寄存器的写选通信号。

$\overline{XFER}$:数据传送控制信号输入线,低电平有效。

$\overline{WR_2}$:数模转换器寄存器写选通输入线。

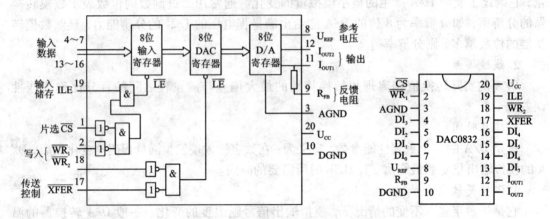

图 8 – 10 DAC0832 内部结构与封装图

注：$\overline{LE}$ = "1"时，寄存器有输出；$\overline{LE}$ = "0"时，寄存器输入数据被锁存

I_{OUT1}：电流输出线。当输入全为 1 时 I_{OUT1} 最大。

I_{OUT2}：电流输出线。其值与 I_{OUT1} 之和为一常数。

R_{FB}：反馈信号输入线，芯片内部有反馈电阻。

U_{CC}：电源输入线（ +5 ~ +15 V）。

U_{REF}：基准电压输入线（ –10 ~ +10 V）。

AGND：模拟地，模拟信号和基准电源的参考地。

DGND：数字地，两种地线在基准电源处共地比较好。

（2）数模转换器 DAC0832 主要特征

- 双缓冲，单缓冲，或流通数字数据输入；
- 可直接与所有流通的微型处理器相接；
- 线性指定为零，且只能进行全面调整——不是最佳直线拟合；
- 逻辑输入满足 TTL 电压水平说明(1.4 V 逻辑门限值)；
- 电流设置时间：1 μs；
- 分辨率：8 位；
- 线性度：8，9 或者 10 位(保证温度)；
- 低功耗：20 mW；
- 单电源提供：直流 5 ~ 15 V。

（3）工作时序

DAC0832 的工作时序如图 8 – 11 所示。

由于芯片内有两级输入寄存器，数模转换器 DAC0832 进行 D/A 转换可以采用两种方法对数据进行锁存。

第一种方法是使输入寄存器工作在锁存状态，而数模转换器寄存器工作在直通状态。具体地说，就是使 $\overline{WR_2}$ 和 XFER 都为低电平，数模转换器寄存器的锁存选通端得不到有效电平而直通；此外，使输入寄存器的控制信号 ILE 处于高电平、$\overline{CS}$ 处于低电平，这样，当 $\overline{WR_1}$ 端来一个负脉冲时，就可以完成 1 次转换。

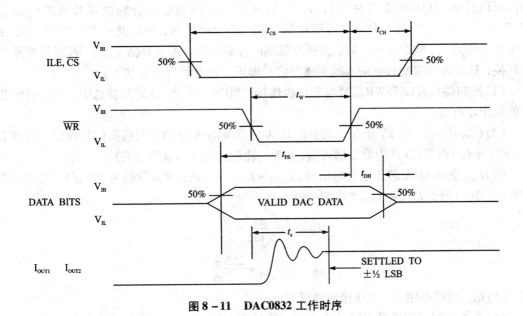

图 8－11　DAC0832 工作时序

第二种方法是使输入寄存器工作在直通状态，而数模转换器寄存器工作在锁存状态。就是使$\overline{WR_1}$和$\overline{CS}$为低电平，ILE 为高电平，这样，输入寄存器的锁存选通信号处于无效状态而直通；当$\overline{WR_2}$和$\overline{XFER}$端输入 1 个负脉冲时，使得数模转换器寄存器工作在锁存状态，提供锁存数据进行转换。

根据上述对数模转换器 DAC0832 的输入寄存器和数模转换器寄存器不同的控制方法，数模转换器 DAC0832 有 3 种工作方式：单缓冲方式、双缓冲方式、直通方式。

8.2.5　应用举例

图 8－12 是一个基于单片机连接 DAC0832 实现锯齿波、三角波、梯形波产生的电路。

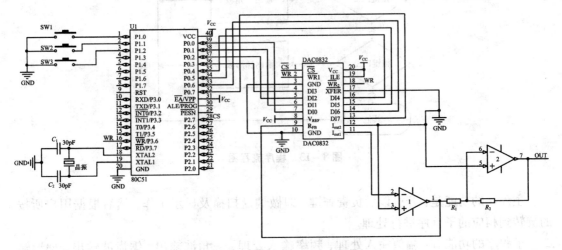

图 8－12　DAC0832 应用电路

由图可以看出，DAC0832 的片选信号、写信号及传送控制信号分别由单片机的输出端 P2.7、P3.6 和地相连接。允许输入锁存信号端 ILE 引脚接地，所以此时 DAC0832 工作在单缓冲工作方式，数字量输入后，由单片机同时控制锁存，进入 D/A 转换。若要让芯片继续转换，只要连续改变数字输入端和锁存信号即可。因此可以分析如下：

（1）控制端只有$\overline{CS}$和$\overline{WR}$信号与单片机连接，当$\overline{CS}$置低后，该芯片被选中，此时对该芯片的操作才有效。

（2）U_{REF}接 V_{CC}，即 5V 电压，说明该 D/A 的参考电压为 5V，其模拟信号输出一定在 $D×k×5$（单位）内变化（D 为数字输入量，k 为一比值，与内部电路有关）。

（3）I_{OUT1}为该 D/A 芯片电流输出端，$I_{OUT2}+I_{OUT1}=$常数，该常数约为330 μA，其带电流非常小，其中关于 I_{OUT1} 和 I_{OUT2} 的算法如下：

$$I_{OUT1}=\frac{U_{REF}}{15\text{ k}\Omega}\times\frac{D}{256}$$

$$I_{OUT2}=\frac{U_{REF}}{15\text{ k}\Omega}\times\frac{255-D}{256}$$

（4）I_{OUT2} 可以不用它，直接接地即可。

（5）为了方便用户外接运算放大电路，接口将 D/A 的 R_{FB} 反馈电阻输入端引出，然后与放大器相连。当输入数据变化时就可以在输出看到相应的波形变化。

（6）程序流程图如图 8-13 所示。

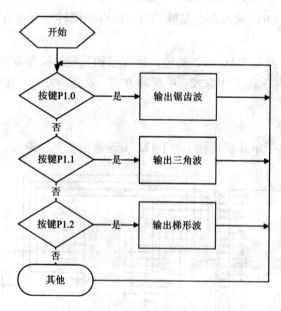

图 8-13　程序流程图

主程序的功能是：开机以后负责查键，即做键盘扫描及显示工作，然后根据用户所按的键转到相应的子程序进行处理。

子程序的功能有：幅值输入处理、频率输入处理、三角波输出、锯齿波输出、梯形输出、显示等。

（7）汇编程序代码：

```
ORG 0000H
MAIN:    MOV A, P1
         MOV R0, A                ;设置高电平
         MOV R1, #00H             ;设置低电平
         LCALL START
         SJMP MAIN
START:
         JNB P1.0, START1         ;P1.0 控制锯齿波的输出
         JNB P1.1, START2         ;P1.1 控制三角波的输出
         JNB P1.2, START3         ;P1.2 控制梯形波的输出
         RET
; * * * * * * * * * * * * * * * * * 锯齿波 * * * * * * * * * * * *
START1:
         MOV DPTR, #7FFFH
         MOV A, #00H
LOOP1:   MOVX @DPTR, A
         INC A
         SJMP LOOP1
         RET
; * * * * * * * * * * * * * * * * * 三角波 * * * * * * * * * * * *
START2:
         CLR A
         MOV DPTR, #7FFFH
LOOP2:   MOVX @DPTR, A
         INC A
         JNZ LOOP2
         MOV A, #0FEH
UP1:     MOVX @DPTR, A
         DEC A
         JNZ UP1
         SJMP LOOP2
         RET
; * * * * * * * * * * * * * * * * * * 梯形波 * * * * * * * * * * * * * *
START3:
         MOV A, #00H
         MOV DPTR, #7FFFH
         MOVX @DPTR, A
         ACALL DELAY
LOOP3:   MOVX @DPTR, A
         INC A
         JNZ LOOP3
         ACALL DELAY
```

```
            MOV A, #0FEH
UP2：       MOVX @ DPTR, A
            DEC A
            JNZ UP2
            SJMP START3
            ACALL DELAY
DELAY：
            MOV R2, #20H
LOOP4：DJNZ R2, LOOP4
            RET
            END
```

8.3 模数转换

8.3.1 模数转换基本原理

将模拟量转换成数字量的过程称为"模数转换"。完成模数转换的电路称为模数转换器，简称 ADC(Analog to Digital Converter)。A/D 转换器是用来通过一定的电路将模拟量转变为数字量。模拟量可以是电压、电流等电信号，也可以是压力、温度、湿度、位移、声音等非电信号。但在 A/D 转换前，输入到 A/D 转换器的输入信号必须经各种传感器把各种物理量转换成电压信号。A/D 转换后，输出的数字信号可以有 8 位、10 位、12 位和 16 位等。一个完整的 AD 转换过程，必须包括采样、保持、量化、编码四部分电路，如图 8 – 14 所示。在 ADC 具体实施时，常把这四个步骤合并进行。

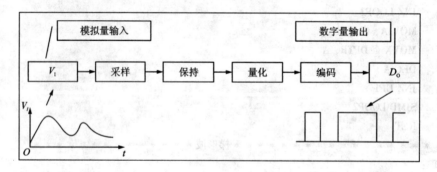

图 8 – 14　A/D 转换的四个步骤

1. 实现模数转换的步骤

模数转换一般要经过采样、保持、量化、编码这几个步骤。

(1)取样和保持

取样：(也称采样)是将时间上连续变化的信号，转换为时间上离散的信号，即将时间上连续变化**的**模拟量转换为一系列等间隔的脉冲，脉冲的幅度取决于输入模拟量。并且要满足采样定理：当采样频率大于模拟信号中最高频率成分的两倍时，采样值才能不失真的反映原来模拟信号。

保持：模拟信号经采样后，得到一系列样值脉冲。采样脉冲宽度 τ 一般是很短暂的，在下一个采样脉冲到来之前，应暂时保持所取得的样值脉冲幅度，以便进行转换。因此，在取样电路之后须加保持电路。而取样保持电路及其输出波形可以通过图 8 – 15 来表示。图中场效应管 VT 为采样门，电容 C 为保持电容，运算放大器为跟随器，起缓冲隔离作用。

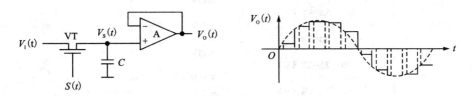

图 8 – 15　采样保持电路及其输出波形

①在采样脉冲 $S(t)$ 到来的时间 τ 内，VT 导通，$V_I(t)$ 向电容 C 充电，假定充电时间常数远小于 τ，则有：$V_o(t) = V_s(t) = V_I(t)$。——采样

②采样结束，VT 截止，而电容 C 上电压保持充电电压 $V_I(t)$ 不变，直到下一个采样脉冲到来为止。——保持

（2）量化和编码

输入的模拟电压经过取样保持后，得到的是阶梯波。而该阶梯波仍是一个可以连续取值的模拟量，但 n 位数字量只能表示 2^n 个数值。因此，用数字量来表示连续变化的模拟量时就有一个类似于四舍五入的近似问题。

将采样—保持电路的输出电压归化为最小量值的整数倍的过程叫做量化。数字量最小单位所对应的最小量值叫做量化单位 Δ。用二进制代码来表示各个量化电平的过程，叫做编码。一个 n 位二进制数只能表示 2^n 个量化电平，量化过程中不可避免会产生误差，这种误差称为量化误差。量化级分得越多（n 越大），量化误差越小。例如对一个 1 V 的电压进行 3 位二进制的量化可表示为图 8 – 16 所示。

图 8 – 16(a)的量化结果误差较大，把 0～1 V 的模拟电压转换成 3 位二进制代码，取最小量化单位 $\Delta = 1/8V$，并规定凡数模拟量数值在 0～1/8 V 之间时，都用 0Δ 来替代，用二进制数 000 来表示；凡数值在 1/8～2/8 V 之间的模拟电压都用 1Δ 代替，用二进制数 001 表示，以此类推。这种量化方法带来的最大量化误差可达到 Δ。所以，若用 n 位二进制数编码，则所带来的最大量化误差为 $1/2^n V$。

为了减小量化误差，通常采用图 8 – 16(b)所示的改进方法来划分量化电平。在划分量化电平时，取量化单位 $\Delta = 2/15V$。将输出代码 000 对应的模拟电压范围定为 0～1/15V，即 0～1/2Δ；1/15V～3/15V 对应的模拟电压用代码 001 表示，对应模拟电压中心值为 Δ，依此类推。这种量化方法的量化误差可减小到 1/2Δ。在划分的各个量化等级时，除第一级外，每个二进制代码所代表的模拟电压值都归并到它的量化等级所对应的模拟电压的中间值，所以最大量化误差为 1/2Δ。

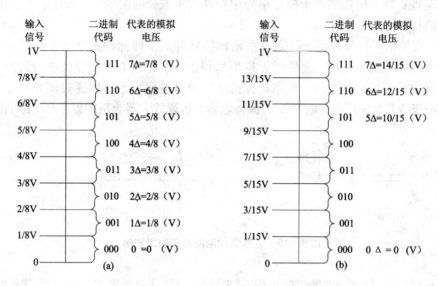

图 8-16　划分量化电平的两种方法

8.3.2　A/D 转换器的分类

按转换过程，A/D 转换器可大致分为直接型 A/D 转换器和间接型 A/D 转换器。

1. 直接型

直接型 A/D 转换器能把输入的模拟电压直接转换为输出的数字代码，而不需要经过中间变量。常用的电路有并行比较型和反馈比较型两种，而反馈比较型又可以分为计数型、逐次逼近型。其特点是工作速度高，转换精度容易保证，调准也比较方便。

①并行比较型。并行 A/D 转换器是一种直接型 A/D 转换器，图 8-17 所示为三位的并行比较型 A/D 转换器的原理图。

它由电压比较器、寄存器和编码器三部分构成。图中电阻分压器把参考电压 V_R 分压，得到 7 个量化电平 $(1/16 \sim 13/16)V_R$，这 7 个量化电平分别作为 7 个电压比较器 $C_7 \sim C_1$ 的比较基准。模拟量输入 V_I 同时接到 7 个电压比较器的同相输入端，与这 7 个量化电平同时进行比较。若 V_I 大于比较器的比较基准，则比较器的输出 $C_{0i}=1$，否则 $C_{0i}=0$。比较器的输出结果由 7 个 D 触发器暂时寄存(在时钟脉冲 CP 的作用下)以供编码用。最后由编码器输出数字量。模拟量输入与比较器的状态及输出数字量的关系如表 8-2 所示。

在上述 A/D 转换中，输入模拟量同时加到所有比较器的同相输入端，从模拟量输入到数字量稳定输出的经历的时间为比较器、D 触发器和编码器的延迟时间之和。在不考虑各器件延迟时间的误差，可认为三位数字量输出是同时获得的，因此，称上述 A/D 转换器为并行 A/D 转换器。并行 A/D 转换器的转换时间仅取决于各器件的延迟时间和时钟脉冲宽度。

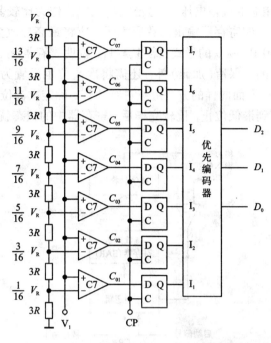

图 8 - 17　三位并行比较型 A/D 转换器的原理图

表 8 - 2　并行比较型 A/D 转换器的输入与输出关系

模拟量输入	比较器的输出状态 $C_{07} C_{06} C_{05} C_{04} C_{03} C_{02} C_{01}$	数字量输出 $D_2 D_1 D_0$
$0 \leqslant V_I \leqslant \frac{1}{16} V_R$	0 0 0 0 0 0 0	0　0　0
$\frac{1}{16} V_R \leqslant V_I \leqslant \frac{3}{16} V_R$	0 0 0 0 0 0 1	0　0　1
$\frac{3}{16} V_R \leqslant V_I \leqslant \frac{5}{16} V_R$	0 0 0 0 0 1 1	0　1　0
$\frac{5}{16} V_R \leqslant V_I \leqslant \frac{7}{16} V_R$	0 0 0 0 1 1 1	0　1　1
$\frac{7}{16} V_R \leqslant V_I \leqslant \frac{9}{16} V_R$	0 0 0 1 1 1 1	1　0　0
$\frac{9}{16} V_R \leqslant V_I \leqslant \frac{11}{16} V_R$	0 0 1 1 1 1 1	1　0　1
$\frac{11}{16} V_R \leqslant V_I \leqslant \frac{13}{16} V_R$	0 1 1 1 1 1 1	1　1　0
$\frac{13}{16} V_R \leqslant V_I \leqslant V_R$	1 1 1 1 1 1 1	1　1　1

　　②逐次逼近型。逐次逼近型 A/D 转换器也是一种直接型 A/D 转换器,这种转换器的原理图如图 8 - 18 所示,其内部包含一个 D/A 转换器。这种转换器是将模拟量输入 V_I 与一系列由 D/A 转换器输出的基准电压进行比较而获得的。比较是从高位到低位逐位进行的,并依次确定各位数码是 1 还是 0。转换开始前,先将逐位逼近寄存器(SAR)清 0,开始转换后,控制逻辑将寄存器(SAR)的最高位置 1,使其输出为 100…000 的形式,这个数码

被 D/A 转换器转换成相应的模拟电压 V_o 送至电压比较器作为比较基准、与模拟量输入 V_I 进行比较。若 $V_o > V_I$，说明寄存器输出的数码大了，应将最高位改为 0（去码），同时将次高位置 1，使其输出为 010…000 的形式；若 $V_o \leqslant V_I$，说明寄存器输出的数码还不够大，因此，除了将最高位设置的 1 保留（加码）外，还需将次高位也设置为 1，使其输出为 110…000 的形式。然后，再按上面同样的方法继续进行比较，确定次高位的 1 是去码还是加码。这样逐位比较下去，直到最低位止，比较完毕后，寄存器中的状态就是转化后的数字输出。

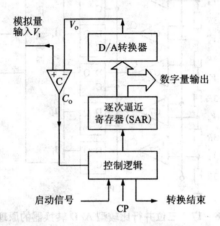

图 8 - 18　逐次逼近型 A/D 转换器的工作原理

2. 间接型

间接型 A/D 转换器是把待转换的输入模拟电压先转换为一个中间变量，例如时间 T 或频率 F，然后再对中间变量量化编码，得出转换结果。常用的电路电压时间（VT）型即双积分型、电压频率（VF）型。其特点是工作速度较低，但转换精度可以做得较高，且抗干扰性强。

VT 形：也称为双积分型，其工作原理是将输入电压转换成时间（脉冲宽度信号），然后由定时器/计数器获得数字值。其优点是用简单电路就能获得高分辨率，但缺点是由于转换精度依赖于积分时间，因此转换速率极低。初期的单片 A/D 转换器大多采用积分型，现在逐次比较型已逐步成为主流。

VF 型：也称为压频变换型，是通过间接转换方式实现模数转换的。其原理是首先将输入的模拟信号转换成频率，然后用计数器将频率转换成数字量。从理论上讲这种 A/D 的分辨率几乎可以无限增加，只要采样的时间能够满足输出频率分辨率要求的累积脉冲个数的宽度。其优点是分辨率高、功耗低、价格低，但是需要外部计数电路共同完成 A/D 转换。

8.3.3　A/D 转换器的主要性能参数

1. 分辨率

分辨率指 A/D 转换器对输入模拟信号的分辨能力。从理论上讲，一个 n 位二进制数输出的 A/D 转换器应能区分输入模拟电压的 2^n 个不同量级，能区分输入模拟电压的最小

差异为 $\dfrac{1}{2^n}$ FSR（满量程输入的 $1/2^n$）。

2. 转换时间

转换时间是指 A/D 转换器从接到转换启动信号开始，到输出端获得稳定的数字信号所经过的时间。A/D 转换器的转换速度主要取决于转换电路的类型，不同类型 A/D 转换器的转换速度相差很大。①双积分型 A/D 转换器的转换速度最慢，需几百毫秒左右；②逐次逼近型 A/D 转换器的转换速度较快，需几十微秒；③并行比较型 A/D 转换器的转换速度最快，仅需几十纳秒时间。

3. 转换误差

它表示 A/D 转换器实际输出的数字量和理论上输出的数字量之间的差别。常用最低有效位的倍数表示。例如，转换误差小于 $\pm\dfrac{1}{2}$ LSB，就表明实际输出的数字量和理论上应得到的输出数字量之间的误差小于最低位的半个 bit。

8.3.4　A/D 转换芯片

A/D 转换器是指将模拟量转换成数字量的电路。数字量输出的位数有 8 位、12 位和 16 位等，输入的模拟量为电压。ADC0809 是带有 8 位 A/D 转换器、8 路多路开关以及微处理机兼容的控制逻辑的 CMOS 组件，它是逐次逼近式 A/D 转换器，可以和单片机直接接口。下面我们来重点学习其工作过程。

（1）ADC0809 的内部逻辑结构

模数转换器 ADC0809 的内部逻辑结构如图 8 - 19 所示，它主要由三部分组成。第一部分：模拟输入选择部分，包括一个 8 路模拟开关、一个地址锁存译码电路。输入的 3 位通道地址信号由锁存器锁存，经译码电路后控制模拟开关选择相应的模拟输入。第二部分：转换器部分，主要包括比较器，8 位 A/D 转换器，逐次逼近寄存器 SAR，电阻网络以及控制逻辑电路等。第三部分：输出部分，包括一个 8 位三态输出缓冲器，可直接与 CPU 数据总线接口。

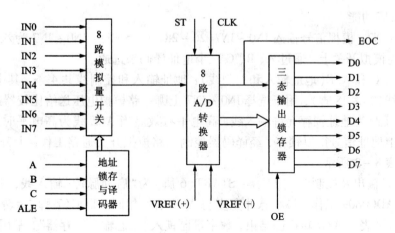

图 8 - 19　ADC0809 内部逻辑结构

由于芯片是一个逐次逼近型的 A/D 转换器,外部供给基准电压;分辨率为 8 位,带有三态输出锁存器,转换结束时,可由 CPU 打开三态门,读出 8 位的转换结果;有 8 个模拟量的输入端,可引入 8 路待转换的模拟量。ADC0809 的数据输出结构是内部有可控的三态缓冲器,所以它的数字量输出信号线可以与系统的数据总线直接相连。内部的三态缓冲器由 OE 控制,当 OE 为高电平时,三态缓冲器打开,将转换结果送出;当 OE 为低电平时,三态缓冲器处于阻断状态,内部数据对外部的数据总线没有影响。因此,在实际应用中,如果转换结束,要读取转换结果则只要在 OE 引脚上加一个正脉冲,ADC0809 就会将转换结果送到数据总线上。

(2)ADC0809 引脚结构

ADC0809 引脚图如图 8 - 20 所示。ADC0809 对输入模拟量要求:信号单极性,电压范围是 0 ~ 5 V,若信号太小,必须进行放大;输入的模拟量在转换过程中应该保持不变,如若模拟量变化太快,则需在输入前增加采样保持电路,即采集模拟输入电压在某一时刻的瞬时值,并在 A/D 转换期间保持输出电压不变,以供模数转换。

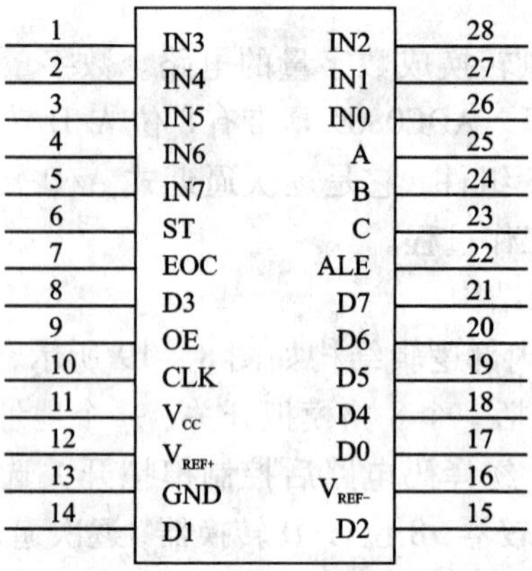

1	IN3	IN2	28
2	IN4	IN1	27
3	IN5	IN0	26
4	IN6	A	25
5	IN7	B	24
6	ST	C	23
7	EOC	ALE	22
8	D3	D7	21
9	OE	D6	20
10	CLK	D5	19
11	V_{CC}	D4	18
12	V_{REF+}	D0	17
13	GND	V_{REF-}	16
14	D1	D2	15

图 8 - 20　ADC0809 引脚图

(3)各管脚功能

● IN0 ~ IN7:模拟信号输入 IN0 ~ IN7(26 ~ 28、1 ~ 5 脚):IN0 ~ IN7 为八路模拟电压输入线,加在模拟开关上,通过 A、B、C 三个地址译码来选通。

● A、B、C 和 ALE(地址输入和控制线):地址输入和控制线共 4 条,其中 A、B 和 C 为地址输入线(23 ~ 25 脚),用于选择 IN0 ~ IN7 上哪一路模拟电压送给比较器进行 A/D 转换。ALE(22 脚)为地址锁存允许输入线,高电平有效。当 ALE 线为高电平时,A、B 和 C 三条地址线上地址信号得以锁存,经译码器控制八路模拟开关通路工作,上升沿有效。通道选择表如表 8 - 3 所示。

● 数字量输出及控制线共 11 条:START(6 脚)为"启动脉冲"输入线,上升沿清零,下降沿启动 ADC0809 工作,最小脉冲宽度与 ALE 信号相同。EOC(7 脚)为转换结束输出线,该线高电平表示 A/D 转换已结束,数字量已锁入"三态输出锁存器",常用来作为中断请求信号。D0 ~ D7(17、14、15、18 ~ 20 脚)为数字量输出线,D7 为最高位,D0 为最低位。OE 为"输出允许"线,高电平有效。ADC0809 接到此信号时,其三态输出端与 CPU 数据总线接通，后者可将数据取走。

表 8 – 3　通道选择表

C	B	A	选择的通道	C	B	A	选择的通道
0	0	0	IN0	1	0	0	IN4
0	0	1	IN1	1	0	1	IN5
0	1	0	IN2	1	1	0	IN6
0	1	1	IN3	1	1	1	IN7

电源线及其他共 5 条：CLOCK(10 脚) 为时钟输入线，用于为 ADC0809 提供逐次比较所需，一般为 640 kHz 时钟脉冲。V_{CC}(11 脚) 为电源输入线，典型的输入电压为 + 5 V。GND(13 脚) 为地线。

V_{REF+} 和 V_{REF-}(12、16 脚) 为参考电压输入线，用于给电阻网络供给标准电压。V_{REF+} 常接 + 5 V，V_{REF-} 常接地或 – 5 V。两个参考电压的选择必须满足以下条件：

$$0 \leqslant V_{REF-} \leqslant V_{REF+} \leqslant V_{CC}$$

$$\frac{V_{REF+} + V_{REF-}}{2} = \frac{1}{2}V_{CC}$$

由输入的模拟电压 U_{IN} 转换成数字量的公式为

$$N = \frac{U_{IN} - V_{REF-}}{V_{REF+} - V_{REF-}} \times 2^8$$

例如 V_{REF+} = + 5 V，V_{REF-} = 0 V，U_{IN} 转换成数字量的公式为

$$N = \frac{U_{IN}}{V_{REF+}} \times 2^8$$

输入的模拟电压为 U_{IN} = 2.5 V，则 N = 128 = 80H。

（4）ADC0809 的主要性能指标

- 分辨率：8 位。
- 模拟量电压输入范围：0 ~ 5 V。
- 线性误差：±1LSB。其中 LSB 为数字输出最低位，LSB = $|V_{REF}|$/256。若使用 + 5 V 电压，那么线性误差为 0.019V。
- 外接时钟频率：10 kHz 到 1.2 MHz。一般为 640 kHz。
- 转换时间：100 μs。
- 功耗：15 mW。

（5）ADC0809 应用说明

- ADC0809 内部带有输出锁存器，可以与单片机直接相连。
- 初始化时，使 ST 和 OE 信号全为低电平。
- 送要转换的哪一通道的地址到 A，B，C 端口上。
- 在 ST 端给一个至少有 100ns 宽的正脉冲信号。
- 是否转换完毕，我们根据 EOC 信号来判断。

- 当 EOC 变为高电平时,这时给 OE 为高电平,转换的数据就输出给单片机了。

(6) ADC0809 的时序

ADC0809 的时序图如图 8 – 21 所示。从时序图可以看出 ADC0809 的启动信号 START 是脉冲信号。当模拟量送至某一通道后,由三位地址信号译码选择,地址信号由地址锁存允许信号 ALE 锁存。启动脉冲 START 到来后,ADC0809 就开始进行转换。启动正脉冲的宽度应大于 200ns,其上升沿复位逐次逼近 SAR,其下降沿才真正开始转换。START 在上升沿后 2 μs 再加上 8 个时钟周期的时间,EOC 才变为低电平。当转换完成后,输出转换信号 EOC 由低电平变为高电平有效信号。输出允许信号 OE 打开输出三态缓冲器的门,把转换结果送到数据总线上。使用时可利用 EOC 信号短接到 OE 端,也可利用 EOC 信号向 CPU 申请中断。

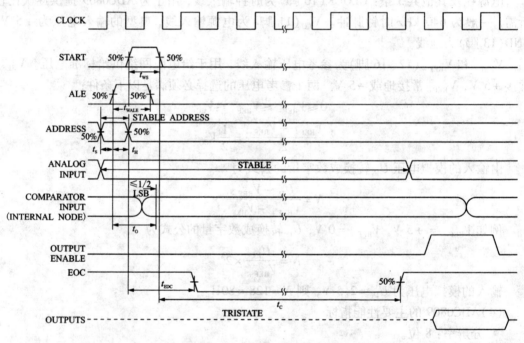

图 8 – 21　ADC0809 的时序图

8.3.5　ADC0809 应用举例

图 8 – 22 是根据 ADC0809 与单片机设计的一个数字电压表,能够测量 0 ~ 5V 之间的直流电压值,四位数码显示。外界电压模拟量输入到 A/D 转换部分的输入端,通过 A/D 转换变为数字信号,输送给单片机,然后由单片机给数码管数字信号,控制其发光,从而显示数字。

数字电压表的系统工作原理:首先,被测电压信号进入 A/D 转换器,单片机中控制信号线发出控制信号,启动 A/D 转换器进行转换,其采样得到的数字信号数据在相应的码制转换模块中转换为显示代码。最后发出显示控制与驱动信号,驱动外部的数码管显示相应的数据。

图 8-22 ADC0809 的应用电路中选用四位 8 段共阴极 LED 数码管实现电压显示，利用 ADC0809 作为数模转换芯片，将数据采集接口电路输入电压传入 ADC0809 数模转换元件，经转换后通过 D0 至 D7 与单片机 P1 口连接，把转换完的模拟信号以数字信号的形式传给单片机，信号经过单片机处理从 LED 数码显示管显示。P2 口接数码管位选，P0 接数码管的段选口，实现数据的动态显示。

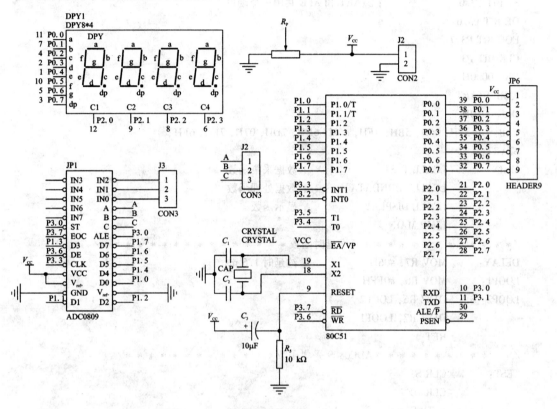

图 8-22　ADC0809 应用电路

主程序的流程图如图 8-23 所示。相应的汇编源程序如下：

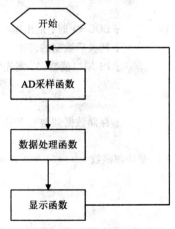

图 8-23　主函数流程图

```
    QIAN EQU 71H
   BAI EQU 72H
   SHI EQU 73H
   GEWEI EQU 74H           ; 71H~74H 存放显示数据, 依次为个位、十位、百位、千位
   SHUJU EQU 70H           ; 地址 70H 存放采集数据
   ST BIT P3.0             ; START 和 ALE 共用一个端口
   OE BIT P3.6
   EOC BIT P3.7
   CLK BIT P3.3
   ORG 0000H
   LJMP START
   ORG 0030H
   TAB: DB 3FH, 06H, 5BH, 4FH, 66H, 6DH, 7DH, 07H, 7FH, 6FH
   START:
   MAIN:       LCALL TEST          ; 数据采集函数
               LCALL TURNDATA      ; 数据处理函数
               LCALL DISPLAY       ; 显示函数
               LJMP MAIN
/* * * * * * * * * * * * * * *延时函数 * * * * * * * * * * * * * * * * * */
   DELAY:      MOV R7, #06H        ; 约延时 1.5 ms
   LOOP1:      MOV R6, #0FFH
   LOOP2:      DJNZ R6, LOOP2
               DJNZ R7, LOOP1
               RET
/* * * * * * * * * * * *ADC0809 采集函数 * * * * * * * * * * * * * */
   TEST:       CLR ST
               CLR OE
               SETB ST
               CLR ST              ; ST 端口下降沿, 开始转换
   LOOPCLK:    SETB CLK            ; 由软件来提供 ADC0809 工作的时钟频率
               CLR CLK
               JNB EOC, LOOPCLK    ; EOC=1 时, 退出循环
               SETB OE             ; 转换后数据的传送
               MOV P1, #0FFH       ; P1 端口读数据, 需先给高电平
               MOV A, P1
               CLR OE
               MOV SHUJU, A        ; 存储数据到地址 70H
               RET
/* * * * * * * * * * * * * * *数据处理函数 * * * * * * * * * * * */
   TURNDATA:
               MOV A, SHUJU
               MOV B, #51
               DIV AB              ; 余数在 B, 相除以后 C=0
               MOV QIAN, A         ; 储存千位
```

```
            CLR F0
            MOV A, B
            SUBB A, #1AH          ; A 减去 26, 测试上面 AB 相除时, 余数与 26 相比较
            MOV F0, C             ; 余数 < 26, 则 C = 1, 不用加 5 调整
            MOV A, #10
            MUL AB
            MOV B, #51
            DIV AB
            JB F0, LP1
            ADD A, #5             ; 若 AB 相除后 B > = 26, 百位加 5
LP1:        MOV BAI, A            ; 储存百位
            CLR F0
            MOV A, B
            SUBB A, #1AH
            MOV F0, C
            MOV A, #10
            MUL AB
            MOV B, #51
            DIV AB
            JB F0, LP2            ; F0 = 1 时, 转移
            ADD A, #5             ; 若 AB 相除后 B > = 26, 十位加 5
LP2:        MOV SHI, A            ; 储存十位
            CLR F0
            MOV A, B
            SUBB A, #1AH
            MOV F0, C
            MOV A, #10
            MUL AB
            MOV B, #51
            DIV AB
            JB F0, LP3            ; F0 = 1 时, 转移
            ADD A, #5             ; 若 AB 相除后 B > = 26, 个位加 5
LP3:        MOV GEWEI, A          ; 储存个位
            RET
/ * * * * * * * * * * * * * * * 显示函数 * * * * * * * * * * * * * * * * * /
DISPLAY:
            MOV R1, #4            ; 循环四次
            MOV R2, #0FEH
            MOV R0, #71H          ; 存放显示初始地址
XIANSHI:
            MOV DPTR, #TAB
            MOV A, @ R0
            MOVC A, @ A + DPTR
            CJNE R2, #0FEH, NOT_ONE  ; 不是左边第一个数码管, 则转移
            ORL A, #80H          ; 左边第一个数码管显示小数点
```

```
NOT_ONE:    MOV P0, A              ; 数码管段选
            MOV P2, R2             ; 数码管位选
            LCALL DELAY            ; 延时
            MOV A, R2
            RL A                   ; 循环左移
            MOV R2, A
            INC R0                 ; 选取下一个地址
            DJNZ R1, XIANSHI
            RET
END
```

8.4 现代高精度高速度 A/D 和 D/A 转换器件

随着科技的不断发展，对器件的要求也越来越严格。高精度、高速度、低功耗 AD/DA 器件也层出不穷。下面简单介绍几种 AD/DA 的常用芯片。

1. 带信号调理、1 mW 功耗、双通道 16 位 AD 转换器：AD7705

AD7705 是 AD 公司出品的适用于低频测量仪器的 AD 转换器。它能将从传感器接收到的很弱的输入信号直接转换成串行数字信号输出，而无需外部仪表放大器。采用 $\Sigma - \Delta$ 的 ADC，具有实现 16 位无误码的良好性能，片内可编程放大器可设置输入信号增益。通过片内控制寄存器调整内部数字滤波器的关闭时间和更新速率，可设置数字滤波器的第一个凹口。在 +3V 电源和 1 MHz 主时钟时，AD7705 功耗仅是 1 mW。AD7705 是基于微控制器(MCU)、数字信号处理器(DSP)系统的理想电路，能够进一步节省成本、缩小体积、减小系统的复杂性。应用于微处理器(MCU)、数字信号处理(DSP)系统，手持式仪器，分布式数据采集系统。

2. 3V/5V；CMOS 信号调节 AD 转换器：AD7714

AD7714 是一个完整的用于低频测量应用场合的模拟前端，用于直接从传感器接收小信号并输出串行数字量。它使用 $\Sigma - \Delta$ 转换技术实现高达 24 位精度的代码而不会丢失。输入信号加至位于模拟调制器前端的专用可编程增益放大器。调制器的输出经片内数字滤波器进行处理。数字滤波器的第一次陷波通过片内控制寄存器来编程，此寄存器可以调节滤波的截止时间和建立时间。AD7714 有 3 个差分模拟输入(也可以是 5 个伪差分模拟输入)和一个差分基准输入。单电源工作(+3V 或 +5V)。因此，AD7714 能够为含有多达 5 个通道的系统进行所有的信号调节和转换。AD7714 很适合于灵敏的基于微控制器或 DSP 的系统，它的串行接口可进行 3 线操作，通过串行端口可用软件设置增益、信号极性和通道选择。AD7714 具有自校准、系统和背景校准选择，也允许用户读写片内校准寄存器。CMOS 结构保证了很低的功耗，省电模式使待机功耗减至 $15\mu W$(典型值)。

3. 微功耗 8 通道 12 位 AD 转换器：AD7888

AD7888 是高速、低功耗的 12 位 AD 转换器，单电源工作，电压范围为 $2.7 \sim 5.25V$，转换速率高达 125KSPS，输入跟踪—保持信号宽度最小为 500ns，单端采样方式。AD7888 包含有 8 个单端模拟输入通道，每一通道的模拟输入范围均为 $0 \sim V_{ref}$。该器件转换满功率信号可至 3 MHz。AD7888 具有片内 2.5V 电压基准，可用于模数转换器的基准源，管脚

REF IN/REF OUT 允许用户使用这一基准,也可以反过来驱动这一管脚,向 AD7888 提供外部基准,外部基准的电压范围为 $1.2V \sim V_{DD}$。CMOS 结构确保正常工作时的功率消耗为 2 mW(典型值),省电模式下为 3 μW。

4. 微功耗、满幅度电压输出、12 位 AD 转换器:AD5320

AD5320 是单片 12 位电压输出 D/A 转换器,单电源工作,电压范围为 + 2.7 ~ 5.5V。片内高精度输出放大器提供满电源幅度输出,AD5320 利用一个 3 线串行接口,时钟频率可高达 30 MHz,能与标准的 SPI、QSPI、Microwire 和 DSP 接口标准兼容。AD5320 的基准来自电源输入端,因此提供了最宽的动态输出范围。该器件含有一个上电复位电路,保证 D/A 转换器的输出稳定在 0V,直到接收到一个有效的写输入信号。该器件具有省电功能以降低器件的电流损耗,5V 时典型值为 200 nA。在省电模式下,提供软件可选输出负载。通过串行接口的控制,可以进入省电模式。正常工作时的低功耗性能,使该器件很适合手持式电池供电的设备。5V 时功耗为 0.7 mW,省电模式下降为 1 μW。

5. TLC548/549

TLC548 和 TLC549 是以 8 位开关电容逐次逼近 A/D 转换器为基础而构造的 CMOS 型 A/D转换器。它们设计成能通过 3 态数据输出与微处理器或外围设备串行接口。TLC548 和 TLC549 仅用输入/输出时钟和芯片选择输入作数据控制。TLC548 的最高 I/O CLOCK 输入频率为 2.048 MHz,而 TLC549 的 I/O CLOCK 输入频率最高可达 1.1 MHz。

TLC548 和 TLC549 的使用与较复杂的 TLC540 和 TLC541 非常相似;不过,TLC548 和 TLC549 提供了片内系统时钟,它通常工作在 4 MHz 且不需要外部元件。片内系统时钟使内部器件的操作独立于串行输入/输出端的时序并允许 TLC548 和 TLC549 像许多软件和硬件所要求的那样工作。I/O CLOCK 和内部系统时钟一起可以实现高速数据传送,对于 TLC548 为每秒 45 500 次转换,对于 TLC549 为每秒 40 000 次的转换速度。

TLC548 和 TLC549 的其他特点包括通用控制逻辑,可自动工作或在微处理器控制下工作的片内采样—保持电路,具有差分高阻抗基准电压输入端,易于实现比率转换(Ratiometricconversion)、定标(Scaling)以及与逻辑电路和电源噪声隔离的电路。整个开关电容逐次逼近转换器电路的设计允许在小于 17 μs 的时间内以最大总误差为 ±0.5 最低有效位(LSB)的精度实现转换。

6. TLV5616

TLV5616 是一个 12 位电压输出数模转换器(DAC),带有灵活的 4 线串行接口,可以无缝连接 TMS320、SPI、QSPI 和 Microwire 串行口。数字电源和模拟电源分别供电,电压范围 2.7 ~ 5.5 V。输出缓冲是 2 倍增益 rail – to – rail 输出放大器,输出放大器是 AB 类以提高稳定性和减少建立时间。rail – to – rail 输出和关电方式非常适宜单电源、电池供电应用。通过控制字可以优化建立时间和功耗比。

7. TLV5580

TLV5580 是一个 8 位 80 MSPS 高速 A/D 转换器。以最高 80 MHz 的采样速率将模拟信号转换成 8 位二进制数据。数字输入和输出与 3.3 V TTL/CMOS 兼容。由于采用 3.3 V 电源和 CMOS 工艺改进的单管线结构,功耗低。该芯片的电压基准使用非常灵活,有片内和片外部基准,满量程范围是 1 V_{PP} 到 1.6 V_{PP},取决于模拟电源电压。使用外部基准时,可以关闭内部基准,降低芯片功耗。

第9章 单片机系统设计

本章主要介绍单片机应用系统的开发的一般流程。在单片机应用系统中，由于其控制对象、设计要求、技术指标等不尽相同，因此单片机的应用系统的设计方案、设计步骤、开发过程等也各不相同。本章主要根据一般情况下单片机应用系统的开发，讨论单片机应用系统的一般开发方法。最后，将通过一个80C51单片机系统设计实例对单片机应用系统设计的共同特点作一些简单分析。

9.1 单片机应用系统开发概述

单片机系统主要由硬件和软件所组成。硬件主要包括电源、时钟、单片机、扩展存储、输入输出设备等。软件主要包括各种硬件驱动、控制算法、各种工作时序等。硬件和软件只有紧密配合、协调一致，才能组成高性能的单片机应用系统。因此，在系统设计的过程中，硬件和软件的功能要不断地调整，以便相互适应，提高系统的工作效率，降低成本。

一般情况下单片机应用系统的开发主要包括总体设计、硬件设计、软件设计、综合测试验证、产品化等几个阶段，这几个阶段一般情况下是交叉进行的，以便对系统不断调整。单片机应用系统开发的一般过程如图9-1。

9.2 单片机应用系统总体设计

9.2.1 确定功能技术指标

单片机应用系统的设计是从确定目标任务开始的，在着手进行系统设计之前，必须根据系统的应用场合、工作环境、具体用途提出合理的、详尽的功能技术指标和方案，这是系统设计的依据和出发点，也是决定系统成败的关键，所以必须认真做好这个工作。

在制订方案时，应对产品的可靠性、通用性、可维护性、先进性及成本等进行综合考虑，查阅国内外同类产品的有关资料，使确定的技术指标合理而且符合相关标准。应该指出，技术指标在设计的过程中还要做适当的调整。具体要求如下：

（1）了解用户的需求，确定设计规模和总体框架；

（2）摸清软硬件技术难度，明确技术主攻问题；

（3）针对主攻问题展开调研工作，查找中外有关资料，确定初步方案；

（4）单片机应用开发技术是软硬件结合的技术，方案设计要求权衡任务的软硬件分工；

（5）尽量采纳可借鉴的成熟技术，减少重复劳动。

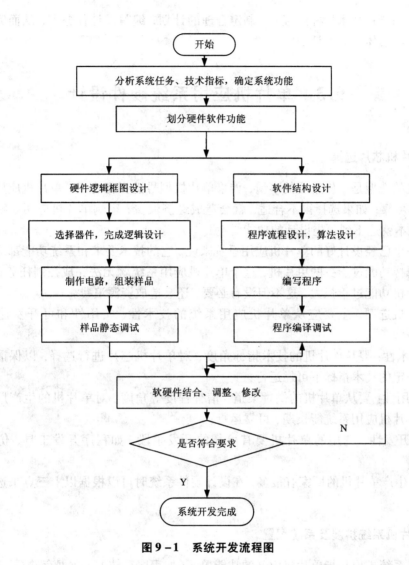

图 9－1　系统开发流程图

9.2.2　可行性分析

可行性分析主要是分析整个设计任务的可能性。一般来说，可以通过两种途径进行可行性分析。首先，调研该单片机应用系统或类似设计是否有人做过。如果能找到类似的参考设计，便可以分析其设计思路，并借鉴其主要的硬件及软件设计方案。这样可以在很大程度上减少工作量及自己摸索的时间。如果没有，则需要自己进行整个应用系统的设计；然后，根据现有的硬件及软件条件、自己所掌握的知识等来决定该单片机应用系统是否可行。

9.2.3　系统方案设计

当完成可行性分析并确认方案可行后，便进入系统整体方案设计阶段。这里，主要结合国内外相关产品的技术参数和功能特性、本系统的应用要求及现有条件，来决定本设计所要实现的功能和技术指标。接着，制定合理的计划，编写设计任务书，从而完成该单片机应用系统的总体方案设计。

9.3 单片机应用系统硬件设计

9.3.1 单片机芯片选择

单片机的选型是一件重要的事情，如果单片机型号选择得合适，单片机应用系统就会实用，工作可靠；如果选择得不合适，就会造成经济浪费，影响单片机应用系统的正常运行，甚至根本就达不到预先设计的功能。

对于一个已经设计好的单片机应用系统来说，它的技术要求和系统功能都应当十分明确。如果选择功能过于少的单片机，这个单片机应用系统就无法完成控制任务；但是如果选择的单片机功能过于强大，这不但没有必要，还会造成资源浪费。

对单片机选型，主要应从单片机应用系统的技术性、实用性和可开发性三方面来考虑。

(1)技术性：要从单片机的技术指标角度，对单片机芯片进行选择，以保证单片机应用系统在一定的技术指标下可靠运行；

(2)实用性：要从单片机的供货渠道、信誉程度等角度，对单片机的生产厂家进行选择以保证单片机应用系统能长期、可靠运行；

(3)可开发性：选用的单片机要有可靠的开发手段，如程序开发工具、仿真调试手段等。

目前，生产单片机的厂家有很多，在设计硬件系统时可以根据以上三点来选择合适的单片机。

9.3.2 单片机系统扩展及系统配置

单片机系统扩展是指单片机内部的功能单元(如程序存储器、数据存储器、I/O 口、定时器/计数器、中断系统等)的容量不能满足应用系统的要求时，必须在片外进行扩展，这时应选择适当的芯片，设计相应的扩展连接电路。单片机系统扩展在本书前面已经详细叙述，在这里不再详细说明。

单片机系统配置是按照系统功能要求配置外围设备，如按键、显示器、打印机、A/D 转换器、D/A 转换器等，设计相应的接口电路。

9.3.3 单片机系统可靠性设计

随着单片机在各个领域应用的不断深入，对单片机应用系统的可靠性提出了越来越多的要求。特别是在工业控制、交通管理、通信等领域中的实时控制系统，最基本的指标就是系统的可靠性。因为这些系统一旦出现故障，将造成生产过程的混乱、指挥系统或监视系统的失灵，造成严重的后果。

单片机应用系统的可靠性通常是指在规定的条件下，在规定的时间内完成特定的任务。单片机应用系统在实际工作过程中，可能会受到内部和外部的干扰，使系统发生异常，不能正确工作。因此，常采用以下方法来提高单片机硬件系统的可靠性：

1. 电源完整性设计

器件在高速开关状态下，瞬态的交变电流过大，并且电流回路中存在电感，会出现同步开关噪声，非理想电源阻抗影响，谐振及边缘效应等现象。对于小于 1ns 的信号沿变化，PCB 上电源层与地层间的电压在电路板的各处都不尽相同，从而影响到 IC 芯片的供电，导致芯片的逻辑错误。为了保证高速器件的正确动作，设计者应消除电压的波动，保持低阻抗的电源分配路径。常采用以下方法设计电源：采用电阻率低的材料，采用较厚、较粗的电源线，并尽可能减少长度，尽量降低接触电阻、减小电源内阻，电源尽量靠近 GND 和合理使用去耦电容（最有效）。

2. 信号完整性设计

随着信号上升时间的减小，反射、串扰、轨道塌陷、电磁辐射、地弹等问题变得更严重，噪声问题更难于解决。信号上升时间的减小，从频谱分析的角度来说，相当于信号带宽的增加，也就是信号中有更多的高频分量，正是这些高频分量使得设计变得更加困难。互连线必须作为传输线来对待，从而产生了很多以前没有的问题。如图 9 - 2 所示为信号反射引起的波形变化。

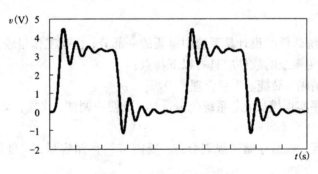

图 9 - 2　反射引起波形变化

信号完整性分析是一个比较复杂的过程，想要了解更为详细的内容可以参考相应的书籍。通常采用以下方法来保证信号的完整性：阻抗匹配与端接、PCB 板合理层叠、合理确定信号走线的长度、合理规划走线的拓扑结构和充分利用退耦电容。如果在设计制作完产品才验证信号完整性会加长研发周期，增加研发成本，因此，最好在设计时就要考虑到信号完整性。

3. 电磁兼容性设计

电磁兼容性（EMC，即 Electromagnetic Compatibility）是指设备或系统在其电磁环境中符合要求运行并不对其环境中的任何设备产生无法忍受的电磁骚扰的能力。因此，EMC 包括两个方面的要求：一方面是指设备在正常运行过程中对所在环境产生的电磁骚扰（Electromagnetic Disturbance）不能超过一定的限值；另一方面是指设备对所在环境中存在的电磁骚扰具有一定程度的抗扰度，即电磁敏感性（Electromagnetic Susceptibility，即 EMS）。电磁场的干扰通常采用屏蔽的方法解决：对干扰源进行电磁屏蔽和对整个系统进行电磁屏蔽，传输线采用屏蔽线。

4. 提高元器件的可靠性

提高单片机应用系统中所有元件的质量，以提高系统内在的可靠性。因此在系统硬件设计和加工时应注意如下问题：选用质量好的接插件，并设计好工艺结构；选用合格的电子元件，并进行严格的测试、筛选和优化；设计时技术参数要留有余量；提高印板和组装质量。

5. 容错技术

当系统在工作中万一发生错误或故障时，系统要能够自动检测错误并且从故障中自动恢复或报警。因此在设计系统时应采用容错机制，常用的容错措施有以下几种：采用集散式系统、进行信息冗余和增加系统监视器。

6. 可制造性设计

设计人员考虑的不只是功能实现这一首要目标，还要兼顾生产制造方面的问题。这就是讲，不管你设计的产品功能再完美、再先进，但不能顺利制造生产或要花费巨额制造成本来生产，这样就会造成产品成本上升、销售困难，失去市场。

9.4　单片机应用系统软件设计

单片机应用系统软件的设计是系统中重要的一部分，也是工作量较大的任务。

一个优秀的应用系统的软件应具有以下特点：

（1）软件结构清晰、简捷、流程合理；

（2）各功能程序实现模块化、系统化。这样，既便于调试、连接，又便于移植、修改和维护；

（3）程序存储区、数据存储区规划合理，既能节约存储容量，又能给程序设计与操作带来方便；

（4）运行状态实现标志化管理。各个功能程序运行状态、运行结果以及运行需求都设置状态标志以便查询，程序的转移、运行、控制都可通过状态标志来控制；

（5）经过调试修改后的程序应进行规范化，除去修改"痕迹"。规范化的程序便于交流、借鉴，也为今后的软件模块化、标准化打下基础；

（6）实现全面软件抗干扰设计。软件抗干扰设计是计算机应用系统提高可靠性的有力措施；

（7）为了提高运行的可靠性，在应用软件中设置自诊断程序。在系统运行前先运行自诊断程序，用以检查系统各特征参数是否正常。

系统软件设计主要包括：问题提出、软件结构设计、算法设计、软件编写、软件仿真调试、加密固化等。

1. 问题提出

问题提出主要是要明确软件所要完成的任务，确定输入、输出的形式，对数据进行哪些处理，以及如何处理可能发生的错误。系统的任务在系统总体设计时已给出，因此，在这个阶段中主要是结合硬件结构，进一步弄清软件所承担的任务细节，确定具体的实施方法。

2. 软件结构设计

在明确了软件所承担的任务细节和具体的实施方法后，应该规划软件的结构。合理的软件结构是设计出一个性能优良的单片机应用系统软件的基础。由问题的定义，系统的整个工作可以分解为几个相对独立的操作，根据这些操作的相互联系的时间关系，设计出一个合理的软件结构，使 CPU 有条不紊地完成这些操作。常见的有两种软件结构设计方法：

（1）顺序设计方法

对于简单的单片机应用系统，通常采用顺序设计方法，这种系统由主程序和若干个中断服务程序所完成。根据系统各个操作的性质，指定哪些操作由中断服务程序完成，哪些由主程序完成。其中，主程序是一个顺序执行的无限循环程序，不停地查询各个软件标志，以完成对日常事务的处理。中断服务程序是对实时时间请求作必要的处理，使系统实时地并行完成各个操作，并根据中断服务程序的重要性为每个中断服务程序指定中断的优先级，来满足系统功能的需要。其常见结构如图 9 - 3。

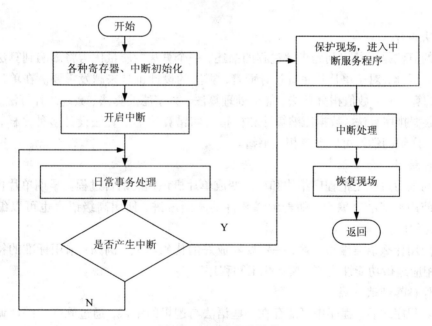

图 9 - 3　顺序程序结构

顺序程序结构设计方法容易理解和掌握，也能满足大多数简单的应用系统对软件功能的要求，因此是一种用的很广的方法。但同时顺序程序结构也存在很多缺点：软件的结构不够清晰、软件的修改扩充比较困难、实时性差。因此，对于复杂的单片机应用系统可采用多任务操作系统。

（2）多任务操作系统

多任务操作系统具有高效的设计、可靠性高、实时性强等优点被广泛应用在嵌入式系统开发中。现在有很多种嵌入式操作系统，如 μC/OS、Linux、WinCE、VxWorks、RTX - 51 等。多任务机制下的程序流程图如图 9 - 4。

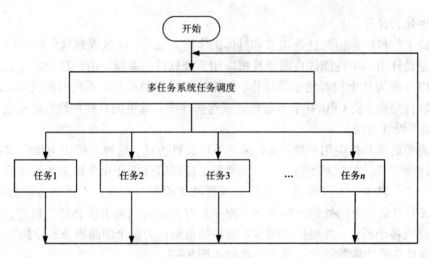

图 9 - 4   多任务操作系统程序结构

3.算法设计

程序的算法是对特定问题求解过程的描述，一个算法的质量优劣将影响到算法乃至程序的效率。因此，对于单片机系统设计而言，算法的设计也越来越发重要。在单片机设计中，常用的算法有：数值积分算法、能谱处理算法、数字滤波算法、数理统计算法、自动控制算法、数据排序算法、数据压缩算法和检错与纠错算法等。算法设计多种多样，在这里不再赘述，详细的学习可以参考相关书籍。

4.软件编写

软件的编写过程是把程序结构和算法变成单片机识别的语言过程。早期单片机应用程序大多数使用汇编语言编写，随着编译软件的不断改进，使用高级语言也可以编写出简洁、高效的程序。

无论使用什么语言编写程序，一定要养成好的代码习惯，例如：采用标准的符号和格式书写、相应地做功能性注释、模块化书写程序等。

5.软件仿真调试

编写好程序之后，程序中可能存在一些语法与逻辑的错误，通过软件的编译调试可以改正这些错误。同样，在实际应用工程中，程序同样存在着相应数据不合理、数据采样值错误等问题。因此，需要对软件进行仿真调试，综合各种条件，设置合适的参数。

6.加密固化

当软件仿真调试好之后，为了对知识产权的保护，可以进行加密。最后，将程序固化到单片机应用系统中。

7.软件设计常采用的措施

（1）在程序中插入空操作指令实现指令冗余；

（2）对未用的中断向量进行处理；

（3）采用超时判断克服程序的死锁；

（4）采用软件陷阱；

（5）采用看门狗；

（6）采用数字滤波。

9.5　单片机系统调试

9.5.1　硬件调试

在单片机开发过程中，硬件的调试是基础，如果硬件调试不通过，软件设计则是无从做起。下面讨论硬件调试的技巧。

1. 排除逻辑故障

这类故障往往由于设计和加工制板过程中工艺性错误所造成的。主要包括错线、开路、短路。排除的方法是首先将加工的印制板认真对照原理图，看两者是否一致。应特别注意电源系统检查，以防止电源短路和极性错误，并重点检查系统总线（地址总线、数据总线和控制总线）是否存在相互之间短路或与其他信号线路短路。必要时利用数字万用表的短路测试功能，可以缩短排错时间。

2. 调试供电系统

在焊接 PCB 时，先将供电系统焊接好，焊好之后再通电测试电源是否正常。在通电前，一定要检查电源电压的幅值和极性，否则很容易损坏电源芯片。加电后检查各元件上引脚的电位，一般先检查 VCC 与 GND 之间电位是否正常。没有问题再测试一下电源模块的输出是否正常，正常则可以继续焊接其他元件。建议不要一开始就把所有的元件都焊上去，那样如果电源部分不正常时尤其是输出电压过高的情况下会烧坏其他的元件。

3. 排除元器件失效

造成这类错误的原因有两个：一个是元器件买来时就已坏了；另一个是由于安装错误，造成器件烧坏。可以采取检查元器件与设计要求的型号、规格和安装是否一致。在保证安装无误后，用替换方法排除错误。

4. 检查单片机调试下载电路

以上问题都检查之后，剩下的硬件调试工作就是检查单片机的调试下载电路，这部分主要检查调试电路的接口是否正确，有没有接反等。不同的单片机调试接口类型也不一样，有些单片机调试接口只需要 2～3 条线，有的需要多达 20 条线。如 STC 系列 51 单片机内置 Boot loader，可以通过串口来下载程序，首先要注意的是串口的两条线不要接反了，其次就是检查电平转换部分是否正常工作，以电平转换芯片的输出电压作为判断依据。

当以上基本的硬件问题都排除后，还不能说明整个硬件已经没有问题了，但是现在可以对单片机系统下载程序进行软件调试了。有些不方便检查的硬件问题可以结合软件调试来检查，当整个硬件系统都调试通过后可以将重点放在软件调试部分。

9.5.2　软件调试

单片机应用系统的软件调试是系统开发的重要环节，在单片机软件开发过程中，软件调试是单片机技术人员必须掌握的重要基本技能。以下介绍几种常用的调试方法。

1. 仿真调试

通过软件仿真,我们可以发现很多将要出现的问题,避免了下载到单片机里面才来检查这些错误,这样最大的好处是能很方便地检查程序存在的问题,因为在编程软件的仿真里面,你可以查到很多硬件相关的寄存器,通过观察这些寄存器,你可以知道代码是不是真的有效。另外一个优点是不必频繁地刷机,从而延长了单片机的存储器的寿命。

2. Proteus 仿真

Proteus 软件是英国 Labcenter electronics 公司出版的 EDA 工具软件。它不仅具有其他 EDA 工具软件的仿真功能,还能仿真单片机及外围器件。它是目前最好的仿真单片机及外围器件的工具。虽然目前国内推广刚起步,但已受到单片机爱好者、从事单片机教学的教师、致力于单片机开发应用的科技工作者的青睐。Proteus 是世界上著名的 EDA 工具(仿真软件),从原理图布图、代码调试到单片机与外围电路协同仿真,一键切换到 PCB 设计,真正实现了从概念到产品的完整设计。迄今为止是世界上唯一将电路仿真软件、PCB 设计软件和虚拟模型仿真软件三合一的设计平台,其处理器模型支持 80C51、HC11、PIC10/12/16/18/24/30/DsPIC33、AVR、ARM、8086 和 MSP430 等,2010 年又增加 Cortex 和 DSP 系列处理器,并持续增加其他系列处理器模型。在编译方面,它也支持 IAR、Keil 和 MATLAB 等多种编译。当然,也可以采用相应的其他软件对系统进行仿真验证。

3. 在线硬件调试

在线调试就是直接将程序下载到目标板上观察结果的一种调试方法。例如:目前 51 单片机除了 51F 系列外都不能通过仿真器连接开发工具进行调试,因此出现了一种内置 Bootloader 的使用串口下载程序的调试方法。使用这种调试方法稍微显得麻烦一点,通过串口调试需要断电后重新上电才可以下载程序,主要用于区分串口通信还是下载程序。

9.6　单片机应用系统综合测试验证

在完成各个硬件软件模块设计、各个模块综合调试之后。对整个单片机应用系统进行综合测试验证。主要对电子产品进行可靠性测试,可靠性测试是指产品在规定的条件下、在规定的时间内完成规定的功能的能力。产品在设计、应用过程中,不断经受自身及外界气候环境及机械环境的影响,而仍需要能够正常工作,这就需要以试验设备对其进行验证,这个验证基本分为研发试验、试产试验、量产抽检三个部分。

9.7　工程实例

本节将介绍一个基于单片机设计的一款自行车测速仪。该测速仪可以显示出里程和速度,同时,也可以显示当前环境温度。

9.7.1　总体设计

1. 技术指标的确定

(1)初始化时通过独立按键设定目的地距离,并在行进过程中显示到达目的地的剩余时间;

(2)单片机以此统计走过的总路程和算得当前速度并显示在显示屏;

(3)超速报警;

(4)其他功能,增加温度和时间显示,显示当前环境温度和行驶所用时间。

2. 系统方案设计

方案一:

使用光电传感器 EE - SX671。EE - SX671 型光电传感器是欧姆龙公司所生产的光电开关型传感器。其四个引脚中我们只需用其中的三个:电源端,接地端以及信号输出端。在车子行驶过程中,车轮带动码盘旋转,由于码盘上刻有等分的孔,在连续的透光与挡光过程中,该传感器便连续输出标准的脉冲信号。

方案二:

采用型号为 A44E 的霍尔片作为测速模块的核心,可与普通的磁钢片配合工作,车子行驶过程中,车轮上安装若干磁钢片随车轮转动,由于霍尔效应,每转一圈,霍尔传感器便输出若干个脉冲。

两个方案的选择:相比之下,方案一中传感器的输出信号要经过光耦转换使其成为标准的脉冲信号后才能接到单片机端口进行计数;霍尔传感器在磁场强度达到阈值时输出低电平,供电电压范围广,可以将输出脉冲直接接至单片机相应端口进行计数。此外,霍尔传感器具有灵敏度高、稳定性高、体积小和耐高温等特点,相比于光电传感器的抗外部干扰性更强,而且价格更低。故选用方案二。

3. 系统总框图

使用单片机测量自行车速的基本结构如图 9 - 5 所示。该系统包括电源模块、霍尔传感器、主 CPU、显示电路、报警电路及按键等部分。

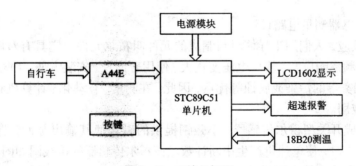

图 9 - 5　系统总框图

9.7.2　硬件设计

1.芯片选择

STC89C 系列单片机是高速/低功耗的新一代 80C51 单片机,最高工作频率可达到 25MHz~50MHz。STC89C 系列单片机有较宽的工作电压,5V 型号的可工作于 3.4~6.0V,3.3V 型号的可工作于 2.0~4.0V(ISP/IAP 操作时对电压要求会稍严)。正常工作模式下的典型耗电为 4~7 mA,空闲模式为 2 mA,掉电模式(可由外部中断唤醒)下则小于 0.1 μA。此外,STC89C 系列单片机在完全兼容 8052 芯片(在标准 80C51 基础上增加了 T2 定时器和 128 字节内部 RAM)的基础上,新增了许多实用功能。因此,本次设计中采用 STC89C51 单片机。

2.系统扩展

(1)电源模块电路设计

系统的正常运行首先要有稳定的电压供应,考虑到方便于实际应用,采用 9V 的电池供电,方便携带。由于系统各部分都要用到 5V 电压,故用低压差电源稳压芯片 LT3083 进行稳压处理,将 9V 稳降到 5V 以供单片机以及各芯片使用。电源模块实际接线如图 9-6。

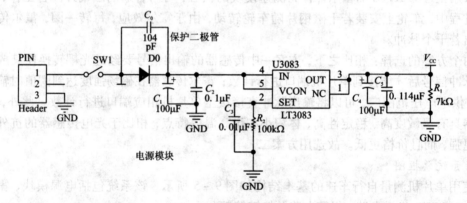

图 9-6　电源电路

(2)霍尔传感器测量电路设计

根据霍尔效应,人们用半导体材料制成的元件叫霍尔元件。它具有对磁场敏感、结构简单、体积小、频率响应宽、输出电压变化大、使用寿命长、安装方便、功耗小、不怕灰尘、油污、水汽及烟雾等的污染或腐蚀等优点,因此,在测量、自动化、计算机和信息技术等领域得到广泛的应用。

A44E 为集成开关型霍尔传感器,小磁钢提供的磁场使其输出脉冲,将此脉冲信号接到单片机的 P3.2 口,使单片机产生中断计数。该霍尔传感器的接线图如图 9-7 所示。

(3)单片机最小系统电路设计

51 系列单片机的最小硬件系统是指能让单片机正常工作的最小硬件电路。主要有时钟振荡电路部分和复位电路部分。最小系统电路如图 9-8。

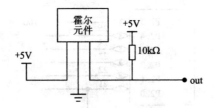

图 9-7 霍尔传感器的接线图

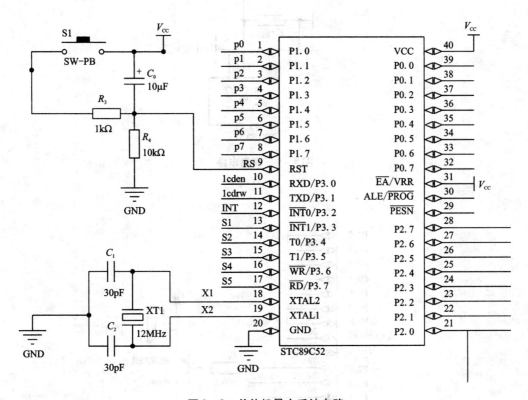

图 9-8 单片机最小系统电路

（4）测温电路设计

采用数字温度传感器 DS18B20 进行温度采集。DS18B20 是 DALLAS 公司生产的一线式数字温度传感器，具有 3 个引脚；温度测量范围为 $-55℃ \sim +125℃$，测量精度为 $0.5℃$；被测温度用符号扩展的 16 位数字量方式串行输出；CPU 只需用一个端口线就可以与 DS18B20 通信。温度采集电路如图 9-9 所示。

（5）报警电路设计

采用蜂鸣器实现超速报警，电路如图 9-10。

（6）显示电路设计

采用 LCD1602 液晶显示器进行相关数据的显示，电路如图 9-11。

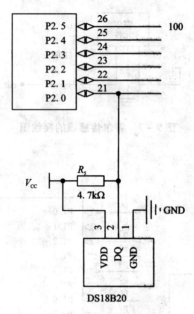

图 9-9　测温电路

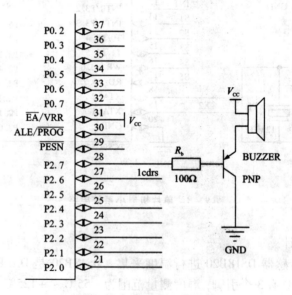

图 9-10　蜂鸣器报警电路

3. 可靠性设计

本系统采用的可靠性设计主要采用合理布线、焊接可靠性、安装可靠性等设计。

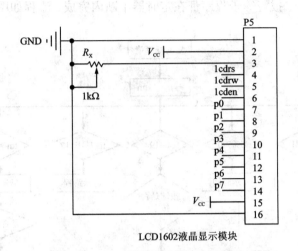

LCD1602液晶显示模块

图 9 – 11　LCD1602 电路

9.7.3　软件设计

1. 问题提出

根据系统设计，软件部分主要包括：霍尔元件脉冲计数、DS18B20 温度采集、LCD1602
液晶显示、按键扫描、报警程序。

2. 软件结构

本设计中计算速度的原理为：利用单片机的定时器，设定时间段 T，单片机统计在 T
时间内的脉冲数，达到时间 T 后产生定时器中断并计算车子走过的圈数和路程 S，则在此
时间段内的平均速度为 $V = S/T$。得到速度后便在显示器上显示，同时进入下一个时间段 T
进行统计和计算。主程序流程如图 9 – 12。

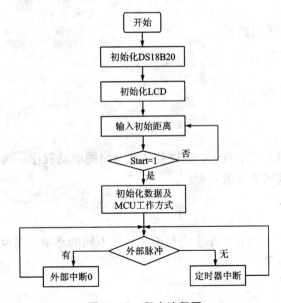

图 9 – 12　程序流程图

读取温度、显示、报警等子程序都在定时器中断内完成，流程如图9－13。

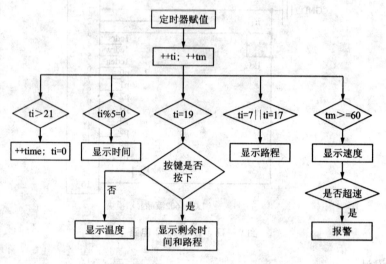

图9－13 中断程序

3.算法设计

由于该系统比较简单，不涉及复杂算法，故算法设计不再赘述。

9.7.4 系统调试

本系统的调试主要包括两方面：硬件调试和软件调试。

1.硬件调试

硬件调试部分主要有以下内容：

(1)电源电路；

(2)单片机最小系统电路；

(3)霍尔元件电路；

(4)显示电路；

(5)温度传感器电路；

(6)按键电路。

2.软件调试

在硬件调试好的基础上，首先，调试各部分电路的驱动程序。确定各部分的驱动程序能够正常工作之后，调试系统的主程序。

9.7.5 系统综合验证

将调试好的系统安装到自行车上进行验证，在不同的环境、温度、湿度等条件下进行测试，查看是否出现问题。

第 10 章　C51 语言程序设计及其实现

目前在使用的单片机开发设计语言大致分为两大类：C 语言和汇编语言。C 语言具有高效性、结构化和移植性强等优点，不仅缩短了单片机的开发时间，也不需要程序员记忆繁琐的汇编关键字，使程序员更加关注程序的通用性与可读性及其功能性。

10.1　单片机 C51 语言概述

C51 是一种在 80C51 系列单片机上使用的 C 语言。相对于汇编语言，C51 具有很强的语言表达能力和运算能力，而且可移植性很好。在单片机上用 C 语言编写程序，可以有效地提高程序员的工作效率。过去，由于单片机硬件系统运算速度慢，存储器资源少，而实现同样功能的 C 语言程序，其占用的存储器空间比汇编语言大很多，耗费的时间比汇编语言长很多，使用 C 语言比较困难。近年来，单片机的运算速度大大提高，存储器的价格大幅降低，而在专业人员的不断努力下，C51 编译软件功能增强，使得 C51 机器码占用的存储器空间缩小，运算速度加快，在单片机系统中使用 C51 进行程序设计得以实现。C 语言是一种源于 UNIX 操作系统的语言，与汇编语言相比，有以下优点：

①语言简洁，使用方便灵活。

②可移植性好。

③表达能力强以及表达方式灵活。

④可进行模块化程序设计。

⑤可直接操作计算机硬件以及生产的目标代码质量高。

相对于 C 语言来说，C51 还具有以下主要特点：

①C51 是在 51 系列单片机上使用的 C 语言。

②C51 程序结构与一般 C 语言没有什么区别。一个 C51 程序大体上是一个函数定义的集合，在这个集合中仅有一个名为 main( )函数，main( )函数是程序的入口，当主函数中的所有程序执行完之后，则程序结束，也就是说所有的程序在主函数中按照串行方式一步一步执行。

③C51 中使用的编译器主要是 Keil C51。Keil C51 支持 C 语言的执行指令，摈弃很多用来优化 80C51 指令结果的 C 语言的扩展指令。

10.2　C51 的数据类型

数据是计算机操作的对象。无论用何种语言、算法进行程序设计，最终在计算机中运行的只有数据流。数据的不同格式称为数据类型。开始单片机 C 程序的学习之前先应该熟悉它所支持的数据类型。

C51 语言数据类型包括：基本类型、构造类型、指针类型以及空类型。其中，基本数据类型包括位（bit）、字符（char）、整型（int）、短整型（short）、长整型（long）、浮点型（float）以及双精度浮点型（double）。构造类型包括数组（array）、结构体（struct）、共用体（union）以及枚举类型（enum）。

对于 51 系列单片机编程而言，支持的数据类型是和编译器有关的，比如 C51 编译器中整型（int）和短整型（short）相同，浮点型（float）和双精度浮点型（double）相同。表 10 - 1 列出了 C51 编译器 Keil μVision4 C51 编译器所支持的数据类型。

表 10 - 1　　Keil μVision4 C51 编译器所支持的数据类型

数据类型	长　度	值　域
unsigned char	单字节	$0 \sim 2^8 - 1$
signed char	单字节	$-2^7 \sim +(2^7 - 1)$
unsigned int	双字节	$0 \sim 2^{16} - 1$
signed int	双字节	$-2^{15} \sim +(2^{15} - 1)$
unsigned long	4 字节	$0 \sim 2^{32} - 1$
signed long	4 字节	$-2^{31} \sim +(2^{31} - 1)$
float	4 字节	$\pm 1.175494E - 38 \sim \pm 3.4022823E + 38$
*	1 ~ 3 字节	对象的地址
bit	位	0 或 1
sfr	单字节	0 ~ 255
sfr16	双字节	0 ~ 65535
sbit	位	0 或 1

10.2.1　C51 的基本数据类型

1. 字符类型 char

char 类型的长度是 1 个字节，通常用于定义处理字符类型的变量或常量。它分为无符号字符类型 unsigned char 和有符号字符类型 signed char，默认值为 signed char 类型。unsigned char 类型用字节中所有位表示数值，可以表达的数值范围是 $0 \sim (2^8 - 1)$。signed char 类型用字节中最高位表示数据的符号，"0"表示正数，"1"表示负数，负数用补码表示，可以表达的数值范围是 $-2^7 \sim +(2^7 - 1)$。

2. 整型 int

int 类型的长度是两个字节，用于存放一个双字节数据，它分为无符号整型 unsigned int 和有符号整型 signed int，默认值为 signed int 类型。unsigned int 表示的数值范围是 $0 \sim 2^{16} - 1$。signed int 类型用字节中最高位表示数据的符号，"0"表示正数，"1"表示负数，负数用补码表示，可以表达的数值范围是 $-2^{15} \sim 2^{15}-1$。

3. 长整型 long

long 类型的长度为 4 个字节，用于存放一个 4 字节数据，分为无符号长整型 unsigned long 和有符号长整型 signed long，默认值为 signed long 类型。unsigned long 表示的数值范围是 $0 \sim 2^{32}-1$。signed long 类型用字节中最高位表示数据的符号，"0"表示正数，"1"表示负数，负数用补码表示，可以表达的数值范围是 $-2^{31} \sim +(2^{31}-1)$。

4. 浮点型 float

float 类型的长度是 32 位，占用 4 个字节，与整型数据相比，浮点类型带有小数位，并且可以表示更大范围的数值。它用符号位表示数的符号，用阶码与尾数表示数的大小。浮点型数据在运算时往往有舍入误差，它与该浮点数在计算机内的表示值，可能会有微小差别。

5. 指针型 *

*（星号）类型本身就是一个变量，在这个变量中存放指向另一个数据的地址。这个指针变量要占据一定的内存单元。对不同的处理器其长度也不尽相同，在 C51 中，它的长度一般为 1～3 个字节。

10.2.2　C51 新增数据类型

C51 增加了一些新的数据类型以便对单片机更方便地操作。

1. 位类型 bit

bit（位）类型是 C51 编译器的一种扩充数据类型，利用它可以定义一个位变量，但不能定义位指针，也不能定义位数组。它的值是一个二进制位，不是 0 就是 1，类似一些高级语言中的布尔变量 True 和 False。

2. 特殊功能寄存器 sfr

sfr 类型也是一种扩充数据类型，占一个内存单元，值域为 0～255。利用它可以访问 51 单片机内部的所有特殊功能寄存器。例如：

sfr P0 = 0x80；　　　//定义 P0 为 P0 端口在片内的寄存器，P0 口地址为 80H
sfr P1 = 0x90；　　　//定义 P1 为 P1 端口在片内的寄存器，P1 口地址为 90H

80C51 单片机片内有 21 个特殊功能寄存器，它们分散在片内 RAM 区的高 128 字节中，地址为 80H～0FFH。对 sfr 的操作，只能用直接寻址方式。

3. 16 位特殊功能寄存器 sfr16

sfr16 类型占用两个内存单元，值域为 0～65535。sfr16 和 sfr 一样用于操作特殊功能寄存器，所不同的是它用于操作占两个字节的寄存器，如定时器 T0 和 T1。

4. 可寻址位 sbit

sbit 类型也是 C51 中的一个扩充类型，利用它可以访问芯片内部的 RAM 中的可寻址位或特殊功能寄存器中的可寻址位。例如：

sbit P1_1 = P1^1；　　　//定义 P1_1 为 P1 中的 P1.1 引脚位寄存器

这样在以后的程序语句中就可以用 P1_1 来对 P1.1 引脚进行读/写操作。

5. data

data：片内 RAM 直接寻址区（优先使用 30H～7FH，可使用 00H～7FH）。

例如：unsigned char data HJSQ；　　//在片内 RAM 中定义一个无符号字节变量 HJSQ

6. bdata

bdata：片内 RAM 位寻址区(使用 20H ~ 2FH)。

例如：bit bdata CXJS；　　　　//在片内 RAM 位寻址区定义一个位变量 CXJS

7. idata

idata：片内 RAM 间接寻址区(优先使用 80H ~ FFH，可使用 00H ~ FFH)。

例如：unsigned char idata BUFFER[8]；　　//在片内 RAM 间接寻址区定义一个数组变
量 BUFFER

8. xdata

xdata：片外 RAM 的全部空间(使用 MOVX @ DPTR 寻址)。

例如：unsigned char xdata * data x；　　//在片内 RAM 中定义一个指向片外 RAM 中的
无符号字节变量的指针

9. pdata

pdata：分页访问的片外 RAM 的一个页面，即 0 ~ 255(使用 MOVX @ Ri 寻址)。

10. code

code：程序存储器空间。

例如：unsigned char code zxb[] = {0x77, 0x14, 0xB3, 0xB6, 0xD4, 0xE6, 0xE7, 0x34,
0xF7, 0xF6, 0x00, 0x80}；

10.2.3　C51 数据存储模式

存储模式决定了没有明确指定存储类型的变量、函数参数等的缺省存储区域，共
三种：

1. Small 模式

所有缺省变量参数均装入内部 RAM，优点是访问速度快，缺点是空间有限，只适用于
小程序。

2. Compact 模式

所有缺省变量均位于外部 RAM 区的一页(256Bytes)，具体哪一页可由 P2 口指定，在
STARTUP.A51 文件中说明，也可用 pdata 指定，优点是空间较 Small 宽裕，速度较 Small
慢，较 large 要快，是一种中间状态。

3. large 模式

所有缺省变量可放在多达 64KB 的外部 RAM 区，优点是空间大，可存变量多，缺点是
速度较慢。

10.3　C51 的运算符与表达式

C51 对数据具有很强的表达能力，这取决于其强大而且丰富的运算符，运算符是为完
成某种特定运算功能的符号。表达式则是由一系列运算符和运算对象组成的具有某种特定
含义的句子。任何一个运算符后面加";"则构成表达式语句。

运算符按照其在程序中的功能可以分为以下类型：赋值运算符，算术运算符，增量与减量运算符，关系运算符，逻辑运算符，位运算符，复合赋值运算符，逗号运算符，指针和地址运算符，强制类型转换运算符，条件运算符。

1. 赋值运算符

赋值运算符用于赋值运算，分为简单赋值（=）、复合算术赋值（+=，-=，*=，/=，%=）和复合位运算赋值（&=，|=，^=，>>=，<<=）3 类共 11 种。

简单赋值运算符记为"="，由"="连接的式子称为赋值表达式。其形式为

变量 = 表达式

例如：

x = a + b

赋值表达式的功能是计算表达式的值再赋予左边的变量。赋值运算符具有右结合性。因此 a = b = c = 5 可理解为 a = (b = c = 5)。

在其他高级语言中，赋值构成了一个语句，称为赋值语句。而在 C 语言中，把等于符号"="定义为运算符，从而组成赋值表达式。例如，式子 x = (a = 3) + (b = 6) 是合法的。它的意义是把 3 赋予 a，6 赋予 b，再把 a、b 相加，其和赋予 x，故 x 应等于 9。

如果赋值运算符两边的数据类型不相同，则系统自动进行类型转换，即把赋值号右边的类型换成左边的类型。具体规定如下：

(1) 实型赋予整型，舍去小数部分。

(2) 整型赋予实型，数值不变，但将以浮点形式存放，即增加小数部分（小数部分的值为 0）。

(3) 字符型赋予整型，由于字符型为一个字节，而整型为两个字节，故将字符的 ASCⅡ码值放到整型量的低 8 位中，高 8 位为 0。

(4) 整型赋予字符型，只把低 8 位赋予字符量。

2. 算术运算符

算术运算符用于各类数值运算，包括加（+）、减（-）、乘（*）、除（//）、求余（或称模运算，%）、自增（++）、自减（--）共 7 种。用算术运算符和括号将运算对象连接起来的式子称为算术表达式，其中运算对象包括常量、变量、函数、数组、结构体等。

"+"加法运算符：双目运算符，即应有两个量参与加法运算，如 x + y，4 + 6 等。具有左结合性。

"-"减法运算符：双目运算符，但减号"-"也可作负值运算符，此时为单目运算，如 -a，-5 等，具有左结合性。

"*"乘法运算符：双目运算符，用法与"+"运算符相同，具有左结合性。

"//"除法运算符：为双目运算符，具有左结合性。参与运算量均为整型时，结果也为整型，舍去小数。如果运算量中有一个是实型，则结果为双精度实型。

"%"求余运算符（模运算符）：双目运算符，具有左结合性。要求参与运算的量均为整型。求余运算的结果等于两数相除后的余数。

"++"自增 1 运算符：其功能是使变量的值自增 1。"--"自减 1 运算符：其功能是使变量值自减 1。自增 1、自减 1 运算符均为单目运算，都具有右结合性。可有以下几种形式：

++i：i自增 1 后再参与其他运算；

--i：i自减 1 后再参与其他运算；

i++：i参与运算后，i的值再自增 1；

i--：i参与运算后，i的值再自减 1。

在理解和使用上容易出错的是 i++ 和 i--，特别是当它们出现在较复杂的表达式或语句中时，建议加上括号，以便于理解与修改程序。

3. 复合运算符

在赋值符"="之前加上其他双目运算符可构成复合赋值符。如：+=，-=，*=，/=，%=，<<=，>>=，&=，^=，!=。构成复合赋值表达式的一般形式为：

变量双目运算符 = 表达式

等效于：

变量 = 变量运算符表达式

例如：

a += 10 　　　　等价于 a = a + 10；

x *= y + 5 　　　等价于 x = x * (y + 5)；

t% = p 　　　　等价于 t = t%p。

复合赋值符的这种写法，可能对初学者来说不习惯，但十分有利于编译处理，能提高编译效率并产生质量较高的目标代码。

4. 关系运算符

关系运算符用于比较运算，包括大于(>)、小于(<)、大于等于(>=)、小于等于(<=)、等于(==)和不等于(!=)6 种。前 4 种优先级相同，后两种优先级相同，前 4 种的优先级又高于后两种。关系运算符的优先级低于算术运算符，但高于赋值运算符。

例如：

c > a + b 　　　　等效于 c > (a + b)

a > b != c 　　　　等效于 (a > b) != c

关系运算符的结合性为左结合。

用关系运算符将两表达式(算术表达式、关系表达式、逻辑表达式等)连接起来的式子，称为关系表达式。关系表达式的结果为逻辑真或假。C 语言以 1 代表真，0 代表假。

例如：若 a = 6，b = 3，c = 9，则：

a > b 的值为真，表达式的值为 1；

d = a > b，d 的值为 1；

b + c < a 的值为假，表达式的值为 0；

e = a > b > c，由于结合性为左结合，故 a > b 的值为 1，而 1 > c 的值为 0，因此 e 的值为 0。

5. 逻辑运算符

C 语言提供了 3 种逻辑运算符：与运算(&&)，或运算(||)，非运算(!)。

与运算符"&&"和或运算符"||"均为双目运算符，具有左结合性。非运算符"!"为单目运算符，具有右结合性。非运算符"!"的优先级是这 3 种中最高的，比算术运算符、关系运算符、与运算符、或运算符及赋值运算符都高。与运算符"&&"和或运算符"||"只比赋

值运算符的优先级高。

例如：

a > b&&c > d　　　　　等价于(a > b)&&(c > d)

! b = = c‖d < a　　　　等价于((! b) = = c)‖(d < a)

a + b > c&&x + y < b　等价于　((a + b) > c)&&((x + y) < b)

用逻辑运算符将关系表达式或逻辑量连接起来的式子称为逻辑表达式，逻辑表达式的结合性为自左向右，其值应该是一个逻辑的真或假。逻辑表达式的值和关系表达式的值相同，以 1 代表真，以 0 代表假。

例如：若 a = 8，b = 6，则：

因为 a = 8 为真，所以! a 为假(0)；

因为 a、b 均为真，所以 a‖b 为真(1)，a&&b 为真(1)；

因为"!"的优先级高于"&&"，所以! a&&b 为假(0)。

6. 位运算符

位操作运算符是用来进行二进制位运算的运算符，包括逻辑位运算符和移位运算符。逻辑位运算符是位与(&)、位或(‖)、位取反(~)和位异或(^)；移位运算符是位左移(< <)和位右移(> >)。除了位取反(~)是单目运算符，其他位操作运算符均为双目运算符。

位取反(~)用来将二进制数按位取反，即 1 变 0，0 变 1。位取反(~)运算符优先级比别的算术运算符、关系运算符和其他运算符都高。

位与运算符(&)的运算规则如下：参与运算的两个运算对象，若两者相应的位都为 1，则该位结果为 1，否则为 0。

位或运算符(‖)的运算规则如下：参与运算的两个运算对象，若两者相应的位都为 0，则该位结果值为零，否则为 1。

位异或运算符(^)的运算规则如下：参与运算的两个运算对象，若两者相应的位值相同，则结果值为 0，若两者相应的位值不同，则结果值为 1。

位左移运算符(< <)、位右移运算符(> >)用来将一个数的二进制位全部左移或右移若干位，移位后，空白位补 0，而溢出的位舍弃。

例如：若 a = ABH = 10101011B，则：

a = a < < 2，将 a 值左移 2 位，其结果为 10101100B = ACH；

a = a > > 2，将 a 值右移 2 位，其结果为 00101010B = 2AH。

7. 条件运算符

这是一个三目运算符，唯一的三目运算是条件运算，条件运算符是"?："。条件表达式的形式为：

　　　　< 表达式 1 > ?　< 表达式 2 > ：< 表达式 3 >

其含义为：若 < 表达式 1 > 的值为"真"，则条件表达式取 < 表达式 2 > 的值；否则取 < 表达式 3 > 的值。

8. 指针运算符

指针运算符用于进行取内容(*)和取地址(&)两种运算。

10.4　C51 程序控制结构

10.4.1　顺序结构

　　顺序结构程序是按照程序语句书写顺序逐条执行的程序结构。适当运用表达式语句就能设计出具有特定功能的顺序 C51 程序。这是一种最简单的基本结构，程序只能从低地址向高地址顺序执行指令代码，在具体应用中采用的基本是自顶而下逐步求解的算法过程。如图 10-1 所示。

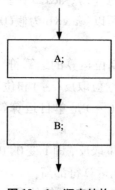

图 10-1　顺序结构

10.4.2　选择结构

　　使单片机具有决策能力的是选择结构，这种结构也称为分支结构，如图 10-2(a)所示。选择结构中包含一个判断框，执行流程根据判断条件 P 的成立与否，选择执行其中的一路分支。图 10-2(b)所示的是特殊的选择结构，即一路为空的选择结构。这种选择结构中，当 P 条件成立时，执行 B 操作，然后脱离选择结构；如果 P 条件不成立，则直接脱离选择结构。图 10-2(c)所示的是多选择结构，当 case 中的值与选择分支的值相同时，执行所在语句或者模块。

10.4.3　条件语句

　　选择结构中常用的语句是条件语句，条件语句又称为分支语句。C51 中条件语句有两种结构，分别是：if( )…else…、switch 语句。其中 switch 语句又称为开关语句。

　　1. if 语句结构

　　C 语言的 if 语句有 3 种形式：基本 if 形式、if. else 形式、if. else. if 形式。

　　(1) if

　　基本 if 形式语法结构如下：

　　　　if (表达式)

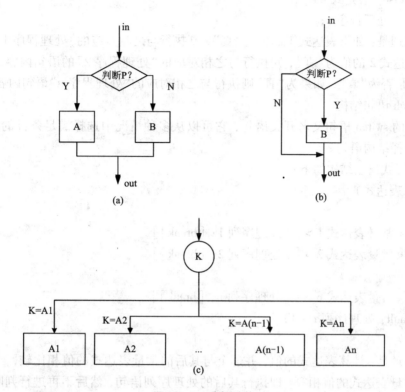

图 10 - 2 选择结构

　　处理程序；

　　处理机理是：如果表达式的值为"真"，则执行"处理程序"的语句内容，否则不执行该语句内容。

　　（2）if. else

　　if. else 形式语法结构如下：

　　　　　　if（表达式）

　　　　　　　处理程序 1；

　　　　　　else

　　　　　　　处理程序 2；

　　处理机理是：如果 if 表达式的值为"真"，则执行"处理程序 1"的语句内容，否则执行"处理程序 2"的语句内容。处理程序也可以采用模块化用花括号{}括起来表示一个模块。

　　（3）If. else. if

　　if. else. if 形式语法结构如下：

　　　　　　if（表达式 1）

　　　　　　　处理程序 1；

　　　　　　else if（表达式 2）

　　　　　　　处理程序 2；

　　　　　　…

else（表达式 n）

处理程序 n;

处理机理是：如果表达式 1 的值为"真"，则执行与之相对应的"处理程序 1"的语句内容；如果表达式 2 的值为"真"，则执行与之相对应的"处理程序 2"的语句内容，依次判断表达式"n"是否为"真"，如果为"真"则执行与之相对应的"处理程序 n"语句内容。

2．switch 语句结构

C 语言的 switch 语句又名开关语句，它可以从多种情况中选择满足条件的一种情况，是多分支选择结构语句。

switch 形式语法结构如下：

```
switch(表达式)
{
   case <常量表达式 1>：[处理序列 1；[break]]
   case <常量表达式 2>：[处理序列 2；[break]]
   …
   case <常量表达式 n>：[处理序列 n；[break]]
   [default：处理序列 n + 1；]
}
```

处理机理是：计算表达式的值，并逐个与其后的常量表达式的值相比较，当表达式的值与某个常量表达式的值相等，即执行其后的处理序列语句，然后不再进行判断，继续执行后面所有 case 后的处理序列语句。如表达式的值与所有 case 后的常量表达式都不相同时，则执行 default 后的处理序列语句。C 语言还提供了一种 break 语句，专用于跳出 switch 语句。例如：

```
void main( )
{
    uchar flag = 0, up = 0, down = 0, left = 0, right = 0;
    switch(flag)
      {
          case 1：up = 1；break；        //置标志
          case 2：down = 1；break；
          case 3：left = 1；break；
          case 4：right = 1；break；
          default：error = 1；break；
      }
}
```

10.4.4　循环结构

循环结构是程序中一种很重要的结构。其特点是在给定条件成立时，反复执行某程序段，直到条件不成立时为止。其常见的结构如图 10 - 3 所示。

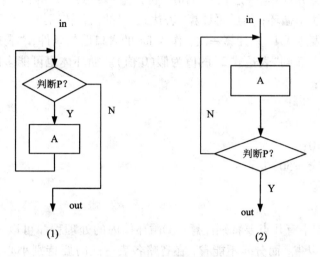

图 10 - 3　循环结构

10.4.5　循环语句

循环语句用于需要反复执行的操作中, C51 中循环语句有三种结构, 分别是: while( )…、do…while( )、for( )…。

1. while. do 语句

while 一般式如下:

while(表达式)

处理程序;

处理机理是: 计算"表达式"的值, 若为"真"则执行循环体的处理程序一次, 然后再对表达式进行计算执行, 直到表达式的值为"假"时停止循环。循环体也可能多次执行, 也可能一次都不执行。

2. do. while 语句

一般式: do｜循环体;｜while(表达式)

处理机理: 当表达式为真(非 0)时, 则重复执行循环体, 一直执行到表达式中的值为假(0)。这种循环体结构为先执行循环体, 再判断表达式, 所以在 do…while 结构中, 循环体将至少执行一次, 正好与上面 while 语句相反。

3. for 语句

一般式: for(循环变量初值; 循环条件; 修改循环变量)｜循环体;｜

(1)for 语句结构。C 语言中, for 语句是一种使用最为方便灵活的循环控制语句结构, 它提供了一个应用非常灵活的控制部分, 既可以实现计数循环程序设计, 又可以实现条件控制循环程序设计。

for 形式语法结构如下:

for(表达式 1; 表达式 2; 表达式 3)

处理程序;

　　处理机理是：首先计算"表达式1"的值，再计算"表达式2"的值，若值为"真"则执行循环体一次，否则跳出循环；然后再计算"表达式3"的值，转回第2步重复执行。在整个for循环过程中，"表达式1"只计算一次，作为for的入口语句条件，"表达式2"和"表达式3"则可能计算多次，直到"表达式2"的值为假（0值）。循环体也可能多次执行，也可能一次都不执行。例如：

```
void main( )
{
  int n, sum = 0;
  for( n = 0; n < = 50; n + + )
    sum + = n;
}
```

　　在使用for语句中有几点要特别注意：①循环体内的处理程序可以为空操作；②for语句的各表达式都可以省，而分号不能省，在省略各表达式时要特别小心分析，防止造成无限死循环。

10.4.5　break、continue 和 goto 语句

　　1. break 语句

　　break语句可以用于跳循环语句，在循环语句和switch语句中，终止或跳出循环体switch语句中。

　　格式：break;

　　break语句只能终止并跳出最后一层的结果，break不能用于循环语句和switch语句之外的任何其他语句之中。

　　2. continue 语句

　　结束本次循环，跳过循环体中尚未执行的语句，进入下一循环。

　　结构：continue;仅用于循环语句中。

　　在循环语句中，continue与if语句一起使用，用来跳过循环体余下的语句，当我们将continue改为break，将加速循环结果，强行退出循环体。格式为：

　　循环变量赋初值

　　while/for(循环条件)

　　{

　　语句1；

　　修改循环变量；

　　if(表达式)continue/break

　　语句2；

　　}

　　3. goto 语句

　　goto语句是一种无条件转向语句。

　　结构：goto ;

　　将goto语句与if语句一起使用可以构成一个循环体，但一般采用goto语句跳出循环

体,goto 语句只能从内部循环跳到外部循环,而不像 break 语句那样只跳出语句所在的循环。对于需要退出多层循环,一般采用 goto 语句比较方便。

10.5　数组与指针

10.5.1　数组

所谓数组,就是相同数据类型的元素按一定顺序排列的集合。指针是一个用来指示一个内存地址的变量。在 C 语言中,指针和数组有着紧密的联系,运用数组与指针可以让程序更加灵活。

1. 一维数组

(1) 一维数组的定义

一维数组的定义方式为:数据类型数组名[常量表达式]。其中常量表达式的下标元素从 0 开始,并且数组名必须是合法的标识符。以字母和下划线开头,中间可以有数字,数组名表示为内存首地址,也就是数组名标为地址常量。

数组必须先定义,后使用,并且只能逐个引用数组元素,不能一次应用整个数组。

数组要占用内存空间,只有在声明了数组元素的类型和个数之后,才能为该数组分配合适的内存,这种声明就是数组的定义。对一维数组来说,其定义的一般形式为:

<类型标识符> <数组名>[<整数常量表达式>]

其中,类型标识指数组元素的类型,数组名是个标识符,也是数组类型变量,整数常量表达式表示该数组的大小。

例如:

int a[10];

float b[15];

char ch[6];

定义 a 是有 10 个元素的数组名,b 是有 15 个浮点型元素的数组名,ch 是有 6 个元素的字符型变量名。

数组中的第一个元素的下标从 0 开始。

数组名(如 a)表示该数组中第一个元素(如 a[0])的地址,即 a 和 &a[0] 同值。数组名是地址常量。

数组定义后,使用时无越界保护。

数组定义中的常量表达式中可以包含常量和符号常量,但不能包含变量。例如,以下定义方法是不允许的:

int n;

scanf ("%d", &n);

int b[n];

同类型数组可一起定义,用逗号隔开。

例如:int a[10], b[20];

（2）一维数组的初始化

变量可以初始化，一维数组也可以在定义的同时为各数组元素赋初值。

一维数组初始化的形式：数据类型数组名[整型常量表达式] = {初值1，初值2，…}；数组中有若干个数组元素，可在{ }中给出各数组元素的初值，各初值之间用逗号分开。把{ }中的初值依次赋给各数组元素。

例如，int a[4] = {1, 2, 3, 4}，表示把初值1, 2, 3, 4依次赋给a[0], a[1], a[2]和a[3]。相当于执行如下语句：int a[4]; a[0] = 1; a[1] = 2; a[2] = 3; a[3] = 4;

注意，初始化的数据个数不能超过数组元素的个数，否则出错。int a[4] = {1, 2, 3, 4, 5}是错误的。一维数组的初始化还可以通过如下方法实现：

①只给部分数组元素初始化。例如：static int a[4] = {1, 2}；初始化的数据个数不能超过数组元素的个数，却可以少于数组元素的个数。上述语句只给a[0]、a[1]赋了初值，即a[0] = 1；a[1] = 2；那么a[2]、a[3]呢？注意到关键字static，它表示a数组的存储类型为static(静态存储)。存储类型为static的变量或数组的初值自动设置为0。所以a数组中的a[2]、a[3]的初值为0。注意，在某些C语言系统(如Turbo C)中，存储类型不是static的变量或数组的初值也是0。若数组元素的值全为0，则可以简写为：

static int a[100] = {0}；

它相当于：

int a[100] = {0, 0, 0, …, 0}；　//100个0

②初始化时，定义数组元素的个数的常量表达式可以省略。例如：int a[ ] = {1, 2, 3}；

若数组元素的个数定义省略，则系统根据初值的个数来确定数组元素的个数。如上例，a数组有3个数组元素：a[0] = 1, a[1] = 2, a[2] = 3。所以，定义数组并初始化时，若省略数组元素个数的定义，则初值必须完全给出。

2. 二维数组

二维数组中每个元素带有两个下标。定义形式为：

类型标识符数组名[常量表达式1][常量表达式2]

逻辑上，可把二维数组看成是一个矩阵，常量表达式1表示矩阵有几行，常量表达式2表示矩阵的列数。可以把二维数组看作是一种特殊的一维数组，它的元素又是一维数组，即二维数组是数组的数组。

二维数组的引用时必须带有两个下标。形式如下：

数组名[下标1][下标2]

二维数组在内存中占据一系列连续的存储单元，数组元素按行顺序存储，先写行下标是0的元素，再写行下标是1的元素。如数组int a[3][5]的存储示意如表10-2。

二维数组定义时也可以用花括号对全部或一部分数组元素初始化，通过初始化也可以定义二维数组。

二维数组定义赋值时，行的可以不定义宽度，列必须给出明确的宽度。

3. 字符数组

字符数组是元素数据类型是字符类型的一维数组，字符数组引用、存储、初始化的方法都与一维数组相同，只是要注意字符数组的元素是字符，有特殊的字面表示格式。

表 10 – 2　二维数组存储示意图

00	01	02	03	04	05
10	11	12	13	14	15
20	21	22	23	24	25
30	31	32	33	34	35

字符数组初始化也和一维数组相同。

例如：char s[3] = {'1', '2', '3'};

char s[ ] = {'1', '2', '3'};

初始化时没有赋值的元素值为空是编码为 0 的字符，叫空字符，用'\0'表示。它既不是空格字符(32)，也不是 0 字符(48)。

4. 字符串数组

字符串数组就是数组中的每一个元素又都是存放字符串的数组。

可以将一个二维字符数组看作一个字符串数组。例如：char line[10][80];数组 line 共有 10 个元素，每个元素可以存放 80 个字符(79 个普通字符，一个结束字符)，第一个下标决定字符串个数，第二个下标决定字符串的最大长度。line 是有 10 个字符串的数组，这些字符串的最大长度为 79。

字符串数组的初始化方法如下：

char str[3][5] = {"a", "ab", "abc"};

　　　　　　　　　　　　　　/* 根据定义的大小初始化 */

char str[ ][5] = {"a", "ab", "abc"};

　　　　　　　　　/* 根据右边字符串的个数，定义数组大小 */

数组的存储示意如表 10 – 2 所示。

表 10 – 2　数组存储示意表

Str[0]	a	\0		
Str[1]	a	b	\0	
Str[2]	a	b	c	\0

10.5.2　指针

指针是 C 语言的精华部分，通过利用指针，我们能很好地利用内存资源，使其发挥最大的效率。有了指针技术，我们可以描述复杂的数据结构，对字符串的处理可以更灵活，对数组的处理更方便，使程序的书写简洁、高效、清爽。但指针对初学者来说，难于理解和掌握，需要一定的计算机硬件的知识做基础，这就需要多做多练，多上机动手，才能在实践中尽快掌握。

1. 定义指针变量的定义

定义指针变量的一般形式：

类型名 * 指针变量名 1，* 指针变量名 2，…，* 指针变量名 n；

2．空指针

空指针是一个特殊的指针，它的值是 0，C 语言中用符号常量 NULL（在 stdio. h 中定义）表示这个空值，并保证这个值不会是任何变量的地址。空指针对任何指针类型赋值都是合法的。一个指针变量具有空指针值表示当前它没有指向任何有意义的东西。

3．void 指针

（void *）类型的指针叫通用指针，可以指向任何的变量，C 语言允许直接把任何变量的地址作为指针赋给通用指针。但是有一点需要注意 void * 不能指向由 const 修饰的变量，如 const int test；void * ptv；ptv = &test；第三句是非法的，只有将 ptv 申明为 const void * ptv，上述第三句 ptv = &test 才是合法的。

当需要使用通用指针所指的数据参加运算时，需要写出类型强制转换。如通用指针 gp 不懂所指空间的数据是整型数据，p 是整型指针，用此式转换：p = (int *) gp。

10.6　函数

10.6.1　C51 函数定义

从用户的角度来看，有两种函数，标准库函数和用户自定义函数。标准库函数是 Keil C51 编译器提供的，不需要用户进行定义，可以直接调用和使用的；自定义函数是用户根据自己的需要编写的能实现相关功能的函数，它必须在定义以后才能被调用。

在单片机 C 语言的编程过程中，我们经常使用到各种不同的函数，函数如何而来，函数的功能又如何实现，下面我们详细地介绍一下在 C 语言中如何定义函数。

C 语言程序是由函数构成的，函数是 C 语言中的一种基本模块。如图 10 - 1 所示，是 C 语言程序的组成结构，即 C 语言程序是由函数构成的，一个 C 源程序至少包括一个名为 main( ) 的函数（主函数），也可能包含其他函数。

C 语言程序总是由主函数 main( ) 开始执行的，main( ) 函数是一个控制程序流程的特殊函数，它是程序的起点。

所有函数在定义时是相互独立的，它们之间是平行关系，所以不能在一个函数内部定义另一个函数，即不能嵌套定义。函数之间可以互相调用，但不能调用主函数。如图 10 - 4 所示。

从使用者的角度来看，有两种函数：标准库函数和用户自定义功能子函数。标准库函数是编译器提供的，用户不必自己定义这些函数。C 语言系统能够提供功能强大、资源丰富的标准函数库。作为使用

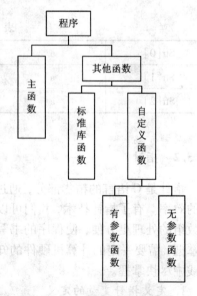

图 10 - 4　函数调用结构图

者，在进行程序设计时应善于利用这些资源，以提高效率，节省开发时间。

函数定义的一般形式为：

函数类型标识符函数名（形式参数）

形式参数类型说明表列

{

局部变量定义

函数体语句

}

ANSIC 标准允许在形式参数表中对形式参数的类型进行说明，因此这里也可这样定义：

函数类型标识符函数名（形式参数类型说明表列）

{

局部变量定义

函数体语句

}

其中：

"函数类型标识符"说明了函数返回值的类型，当"函数类型标识符"缺省时默认为整型。

"函数名"是程序设计人员自己定义的函数名字。

"形式参数类型说明表列"中列出的是在主调用函数与被调用函数之间传递数据的形式参数，如果定义的是无参函数，形式参数类型说明表列用 void 来注明。

"局部变量定义"是对在函数内部使用的局部变量进行定义。

"函数体语句"是为完成该函数的特定功能而设置的各种语句。

C 语言采用函数之间的参数传递方式，使一个函数能对不同的变量进行处理，从而大大提高了函数的通用性与灵活性。在函数调用时，通过主调函数的实际参数与被调函数的形式参数之间进行数据传递来实现函数间参数的传递。在被调函数最后，通过 return 语句返回函数的返回值给主调函数。return 语句形式如下：

return（表达式）；

对于不需要有返回值的函数，可以将该函数定义为"void"类型。void 类型又称"空类型"。这样，编译器会保证在函数调用结束时不使函数返回任何值。为了使程序减少出错，保证函数的正确调用，凡是不要求有返回值的函数，都应将其定义成 void 类型。

在定义函数中指定的变量，当未出现函数调用的时候，它们并不占用内存中的存储单元。只有在发生函数调用的时候，函数的形参才被分配内存单元。在调用结束后，形参所占的内存单元也被释放。实参可以是常量、变量或表达式，要求实参必须有确定的值。在调用时将实参的值赋给形参变量（如果形参是数组名，则传递的是数组首地址而不是变量的值）。

从函数定义的形式看，又可划分为无参数函数、有参数函数及空函数三种。

（1）无参数函数

此种函数在被调用时无参数，主调函数并不将数据传送给被调用函数。无参数函数可以返回或不返回函数值，一般以不带返回值的为多。

（2）有参数函数

调用此种函数时，在主调函数和被调函数之间有参数传递。也就是说，主调函数可以将数据传递给被调函数使用，被调函数中的数据也可以返回供主调函数使用。

（3）空函数

如果定义函数时只给出一对大括号"｛｝"，不给出其局部变量和函数体语句（即函数体内部是"空"的），则该函数为"空函数"。这种空函数开始时只设计最基本的模块（空架子），其他作为扩充功能在以后需要时再加上，这样可使程序的结构清晰，可读性好，而且易于扩充。

10.6.2　C51 函数调用

C 语言程序中函数是可以互相调用的。所谓函数调用就是在一个函数体中引用另外一个已经定义了的函数，前者称为主调用函数，后者称为被调用函数。主调用函数调用被调用函数的一般形式为：

函数名（实际参数表列）

其中，"函数名"指出被调用的函数。

"实际参数表列"中可以包含多个实际参数，各个参数之间用逗号隔开。实际参数的作用是将它的值传递给被调用函数中的形式参数。需要注意的是，函数调用中的实际参数与函数定义中的形式参数必须在个数、类型及顺序上严格保持一致，以便将实际参数的值正确地传递给形式参数。否则在函数调用时会产生意想不到的错误结果。如果调用的是无参函数，则可以没有实际参数表列，但圆括号不能省略。

C 语言中可以采用三种方式完成函数的调用：

（1）函数语句调用

在主调函数中将函数调用作为一条语句，例如：fun1（）；这是无参调用，它不要求被返回一个确定的值。

（2）函数表达式调用

在主调函数中将函数调用作为一个运算对象直接出现在表达式中，这种表达式称为函数表达式。例如：

c = power(x, n) + power(y, m);

这其实是一个赋值语句，它包括两个函数调用，每个函数调用都有一个返回值，将两个返回值相加的结果，赋值给变量 c。因此这种函数调用方式要求被返回一个确定的值。

（3）作为函数参数调用

在主调函数中将函数调用作为另一个函数调用的实际参数。例如：

m = max(a, max(b, c));

max(b, c)是一次函数调用，它的返回值作为函数 max 另一次调用的实参。最后 m 的值为变量 a、b、c 三者中值最大者。

这种在调用一个函数的过程中又调用了另外一个函数的方式，称为嵌套函数调用。在一个函数中调用另一个函数（即被调函数），需要具备如下的条件：

①被调用的函数必须是已经存在的函数（库函数或者用户自定义函数）。

②如果程序使用了库函数，或者使用不在同一文件中的另外的自定义函数，则程序的开头用#include 预处理命令将调用有关函数时所需要的信息包含到本文件中来。对于自定

义函数, 如果不是在本文件中定义的, 那么在程序开始要用 extern 修饰符进行原型声明。使用库函数时, 用#include < * * * . h > 的形式, 使用自己编辑的函数头文件时, 用#include " * * * . h/c"的格式。

10.7　C 语言与汇编语言混合编程

10.7.1　C 语言与汇编语言混合编程优点

C51 编译器能对 C 语言程序进行高效率的编译, 生成高效简洁的代码, 在大多数的应用场合, 采用 C 语言编程即可完成预期的任务, 但是, 在有些场合还是会用到汇编语言。在下面的几种情况下, 在 C 语言中嵌入汇编语言可能会有以下优点:

(1)已有程序的移植: 在单片机领域工作很久的工程人员可能会保留有很多的早期用汇编语言编制的程序模块, 并且这些模块已经经过实际应用的验证, 如果重新用 C 语言编程, 可能工作量很大, 这时就可以用嵌入汇编的方式把以前的汇编模块植入新的应用, 可以明显地加快开发的进度。

(2)局部功能需要足够短的执行时间: 在有些应用中, 部分的功能模块需要有很高的执行效率, 而有些汇编的指令在 C 语言中没有对应的指令, 这给我们对单片机的高效操作带来困难, 嵌入汇编可是我们的程序执行更有效率。

(3)对一些特定地址进行操作: 在 C 语言中我们要对特定地址进行读写, 一般用以下两种方式: 用_AT_指令定义变量; 定义指向外部端口或数据地址的指针。在汇编中只需要使用 MOVX A, @ DPTR 或 MOVX @ DPTR, A 就可以了, 这样可以增强程序的可读性。

10.7.2　C 语言与汇编语言混合编程实现

(1)在 C 语言文件中要嵌入汇编代码片以如下方式加入汇编代码。

```
#pragma ASM
; Assembler Code Here
#pragma ENDASM
```

(2)在 Project 窗口中包含汇编代码的 C 语言文件上右击, 选择"Options for ...", 点击右边的"Generate Assembler SRC File"和"Assemble SRC File", 使检查框由灰色变成黑色(有效)状态。选上这两项就可以在 C 语言中嵌入汇编语言了, 设置后在文件图示中多了三个红色的小方块。

(3)编译, 即可生成目标代码。

例如:

```
#include  < reg52. h >
void main( void)
{
  P2 = 1;
  #pragma ASM
      MOV R7, #10
  DEL: MOV R6, #20
```

```
        DJNZ R6, $
        DJNZ R7, DEL
    #pragma ENDASM
    P2 = 0;
}
```

10.8　应用实例

　　用 C 语言编程，实现二进制的加法运算，同时通过八路 LED 进行功能显示。

　　功能分析：输出控制，当 P1 端输出全高电平，即 P1 = 0xff 时，根据发光二极管的单向导电性可知，这时八路发光二极管熄灭；当 P1 端输出端全低电平，即 P1 = 0x00 时，八路发光二极管全亮。这样通过对应端口输出电平来控制发光二极管实现二进制加法运算效果。电路图如图 10 - 5。

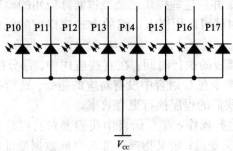

图 10 - 5　发光二极管驱动电路

　　程序代码如下：

```
#include  < reg52. h >
void delay( unsigned int i);        //声明延时函数
void main( )
{
    unsigned char Num = 0xFF;
    while (1)
    {
        P0  = Num;
        delay(1000);   //延时函数
        Num - - ;
    }
}
/* * * * * * * *延时函数* * * * * * * * * * * * * * */
void delay( unsigned int i)
{
    unsigned char j;
    for(i; i > 0; i - - )
    for(j = 255; j > 0; j - -);
}
```

附录 学生设计作品案例

以下是作者收集曾经教过的学生的优秀作品,可以作为本书读者的参考。由于篇幅限制,已上传至中南大学出版社网站,如需要可免费进行下载。

案例 1 基于 DS1302 的数字时钟设计

电子万年历作为电子类小设计不仅是市场上的宠儿,也是单片机实验中一个很常用的题目。本设计涉及了一个基于单片机的电子万年历,它具有显示年、月、日、时、分秒、星期显示功能,还具有闰年补偿等多种功能,主控芯片使用的是 AT89S51,时钟芯片采用的是 DS1302,DS1302 能存储时间信息,并且时间可以掉电保存。单片机通过读取 DS1302 的信息后通过 LCD1602 显示在液晶屏幕上面。当 DS1302 上面的时间跟单片机所设定的时间一致后,单片机可以驱动蜂鸣器进行报警……

案例 2 乌龟取暖器设计

巴西龟,因其小巧可爱,许多家庭当宠物饲养,由于其是水龟,通常只在冬季冬眠。一般来说水温低于 20℃时,它便开始不吃东西;水温低于 11℃时,进入到浅度冬眠中;当水温低于 6℃时,便开始进入深度冬眠;当水温长时间低于 5℃时,巴西龟有被冻死的危险。本例设计一个基于单片机的乌龟取暖器。该系统利用 DS18B20 温度传感器的数据,用单片机分析温度的结果来用固态继电器控制电热片的加热或冷却,当过热时,还有预置的温度报警系统,进行人工干预进行保护,安全可靠性高……

案例 3 电子密码锁设计

电子密码锁是一种通过密码输入来控制电路或是芯片工作,从而控制机械开关的闭合,完成开锁、闭锁、报警、显示等任务的电子产品。它的种类很多,有简易的电路产品,也有基于芯片的性价比高的产品。应用较广的电子密码锁是以芯片为核心,增设外围电路,通过编程来实现的。本设计以单片机 STC89S52 作为密码锁监控装置的检测和控制核心,分为主机控制和从机执行机构,实现钥匙信息在主机上的初步确认和密码信息的加密功能。根据 51 单片机之间的串行通信原理,这便于对密码信息的随机加密和保护。而且采用键盘输入的电子密码锁具有较高的优势。采用数字信号编码和二次调制方式,不仅可以实现多路信息的控制，提高信号传输的抗干扰性，减少错误动作，而且功率消耗低；反应速度快、传输效率高、工作稳定可靠等……

案例 4　简单计算器的设计

当今社会，随着人们物质生活的不断提高，电子产品已经走进了家家户户，无论是生活或学习，还是娱乐和消遣几乎样样都离不开电子产品，大型复杂的计算能力是人脑所不能胜任的，而且比较容易出错。计算器作为一种快速通用的计算工具方便了用户的使用。计算器可谓是我们最亲密的电子伙伴之一。本案例设计着重在于分析计算器软件和开发过程中的环节和步骤，并从实践经验出发对计算器设计做了详细的分析和研究……

案例 5　电子琴设计

随着社会的发展进步，音乐逐渐成为我们生活中很重要的一部分，有人曾说喜欢音乐的人不会向恶。我们都会抽空欣赏世界名曲，作为对精神的洗礼。本案例设计一个基于单片机的简易电子琴。我们对于电子琴如何实现其功能，如音色选择、声音强弱控制、节拍器、自动放音功能等也很好奇。

电子琴是现代电子科技与音乐结合的产物，是一种新型的键盘乐器。它在现代音乐扮演着重要的角色，单片机具有强大的控制功能和灵活的编程实现特性，它已经融入现代人们的生活中，成为不可替代的一部分。本文的主要内容是用 STC89C52RC 单片机为核心控制元件，设计一个电子琴。以单片机作为主控核心，与键盘、扬声器等模块组成核心主控制模块，在主控模块上设有 21 个按键和扬声器。本系统运行稳定，其优点是硬件电路简单，软件功能完善，控制系统可靠，性价比较高等，具有一定的实用和参考价值……

案例 6　超声波测距及报警设计

由于超声波指向性强，能量消耗缓慢，在介质中传播的距离较远，因而超声波经常用于距离的测量。如测距仪和物位测量仪等都可以通过超声波来实现。超声波测距器，可以应用于汽车倒车、建筑施工工地以及一些工业现场的位置监控，也可用于液位、井深、管道长度的测量等场合。利用超声波检测往往比较迅速、方便、计算简单、易于做到实时控制，并且在测量精度方面能达到工业实用的要求。因此在移动机器人的研制上也得到了广泛的应用。本设计采用 STC89C51 单片机为该测距仪的控制核心，此设计易于调试，成本低廉，具有很强的实用价值和良好的市场前景……

参考文献

［1］万福君等. 单片机微机原理系统设计与应用. 北京：中国科学技术大学出版社，2006

［2］张天凡. 51 单片机 C 语言开发详解. 北京：电子工业出版社，2008

［3］白廷敏. 51 单片机典型系统开发实例精讲. 北京：电子工业出版社，2009

［4］肖金秋，冯翼. 增强型 51 单片机与仿真技术. 北京：清华大学出版社，2011

［5］肖硕. 单片机数据通信典型应用大全. 北京：中国铁道出版社，2011

［6］林立，张俊亮. 单片机原理及应用 – 基于 Protues 和 Keil C. 北京：电子工业出版社，2013

［7］纪宗南. 集成 A/D 转换器应用技术和实用线路. 北京：中国电力出版社，2009

［8］高玉泉. 单片机应用技术. 北京：机械工业出版社，2012

［9］周慈航. 嵌入式系统软件设计中的常用算法. 北京：北京航空航天大学出版社，2010

［10］戢卫平. 单片机系统开发实例经典. 北京：冶金工业出版社，2006

［11］张萌，和湘，姜斌. 单片机应用系统开发综合实例. 北京：清华大学出版社，2007

图书在版编目(CIP)数据

单片机原理与接口技术/邓宏贵主编.—长沙:中南大学出版社,
2013.4

ISBN 978 - 7 - 5487 - 0858 - 2

Ⅰ.单... Ⅱ.邓... Ⅲ.①单片微型计算机 - 理论 - 高等学校 -
教材②单片微型计算机 - 接口技术 - 高等学校 - 教材

Ⅳ.TP368.1

中国版本图书馆 CIP 数据核字(2013)第 073864 号

单片机原理与接口技术

主编 邓宏贵

□责任编辑 胡小锋
□责任印制 易红卫
□出版发行 中南大学出版社

　　社址:长沙市麓山南路　　　　　邮编:410083
　　发行科电话:0731-88876770　　传真:0731-88710482

□印　　装 长沙市宏发印刷有限公司

□开　　本 787×1092 1/16 □印张 14 □字数 375 千字 □插页 2
□版　　次 2014 年 7 月第 1 版 □2014 年 7 月第 1 次印刷
□书　　号 ISBN 978 - 7 - 5487 - 0858 - 2
□定　　价 29.00 元